航天资源规划与调度

敏捷卫星
协同调度的启发式方法

Heuristic methods of agile satellites coordination and scheduling

何磊 刘晓路 陈英武 邢立宁 著

清华大学出版社
北京

内 容 简 介

卫星敏捷机动技术的出现，提高了卫星使用效率，但也极大地增加了其协同调度的难度。本书围绕该背景，系统阐述了如何运用启发式方法求解该领域的多个问题，主要包括：带有时间依赖特性的敏捷卫星调度问题、多星协同调度问题、考虑时变云层遮挡的多星协同调度问题和考虑紧急任务的多星协同调度问题等。

本书主要面向管理科学与工程及遥感应用领域相关专业的研究生、科研工作者和工程技术人员，力求为相关人员提供有实用价值的参考。

图书在版编目（CIP）数据

敏捷卫星协同调度的启发式方法/何磊等著.—北京：清华大学出版社，2022.3
（航天资源规划与调度）
ISBN 978-7-302-60094-7

Ⅰ．①敏…　Ⅱ．①何…　Ⅲ．①人造地球卫星－研究　Ⅳ．①V474

中国版本图书馆 CIP 数据核字（2022）第 023429 号

责任编辑：陈凯仁
封面设计：刘艳芝
责任校对：王淑云
责任印制：朱雨萌

出版发行：清华大学出版社
　　　网　　　址：http://www.tup.com.cn，http://www.wqbook.com
　　　地　　　址：北京清华大学学研大厦 A 座　　　邮　　编：100084
　　　社 总 机：010-83470000　　　邮　　购：010-62786544
　　　投稿与读者服务：010-62776969，c-service@tup.tsinghua.edu.cn
　　　质量反馈：010-62772015，zhiliang@tup.tsinghua.edu.cn
印 装 者：小森印刷霸州有限公司
经　　销：全国新华书店
开　　本：170mm×240mm　　印　张：8.25　　字　数：163 千字
版　　次：2022 年 4 月第 1 版　　印　次：2022 年 4 月第 1 次印刷
定　　价：45.00 元

产品编号：094501-01

丛书序言

FOREWORD

2021 年 9 月 15 日，习近平总书记在驻陕西部队某基地视察调研时强调，太空资产是国家战略资产，要管好用好，更要保护好。人造地球卫星作为重要的太空资产，已经成为获取天基信息的主要平台，天基信息是大国博弈制胜的利器之一，也是各科技强国竞相角力的主战场之一。随着"高分辨率对地观测系统""第三代北斗卫星导航系统"等国家重大专项工程建设及民营、商业航天产业的蓬勃发展，我国卫星呈"爆炸式"增长，为社会、经济、国防等重要领域提供了及时、精准的天基信息保障。

另外，受卫星测控站地理位置限制，我国卫星普遍存在的入境时间短、测控资源紧缺等问题日益突出；突发自然灾害、军事斗争准备等情况下的卫星应急响应已成为新常态；随着微电子、小卫星等技术的快速发展，卫星集成度越来越高、功能越来越多，卫星已具备一定的自主感知、自主规划、自主协同、自主决策能力，传统地面离线任务规划模式已无法适应大规模多功能星座发展和协同、高时效运用的新形势。这些问题都对卫星管控提出了新的更高要求。在此现状下，为应对飞速增长的卫星规模、有限的管控资源和应急响应的新要求，以现代运筹学和计算科学为基础的航天资源调度技术起到至关重要的作用，是保障卫星完成多样化任务、高效运行的关键。

近年来，在诸多学者与航天从业人员的推动下，航天资源调度技术取得了丰富的研究成果，在我国"北斗""高分""高景"等系列卫星为代表的航天资源调度系统中得到长期的实践与发展。目前，国内已出版了多部航天领域相关专著，但面向近年来发展起来的敏捷卫星调度、大规模多星协同、空天地资源协同调度、自主卫星在线调度等新问题，仍然缺乏详细和系统的研究和介绍。本套丛书涵盖航天资源调度引擎、基于精确算法的航天资源调度、基于启发式算法的航天资源调度、空天地资源协同调度、航天影像产品定价、面向应急救援的航天资源调度、航天资源调度典型应用等众多内容，力求丰富航天资源调度领域前沿研究成果。

本套丛书已有数册基本成形，也有数册正在撰写之中。相信在不久以后会有不少新著作出现，使航天资源调度领域呈现一片欣欣向荣、繁花似锦的局面，这正是丛书编委会的殷切希望。

丛书编委会

2021 年 7 月

前言

PREFACE

"十二五"以来,随着"高分辨率对地观测"重大专项的启动与实施,我国的对地观测卫星进入到一个全新高速发展时期。2014年,"遥感20号"卫星成功发射,标志着我国对地观测卫星平台全面朝着支持大角度姿态机动的敏捷卫星技术方向发展,支持这一类机动技术的卫星称为敏捷对地观测卫星(以下简称敏捷卫星)。与传统非敏捷卫星相比,敏捷卫星具有三个方向的自由度(滚动、俯仰和偏航),这使得它们能够在通过目标正上方之前或之后观测目标,因此能够完成更多任务,同时也能够进行立体成像、连续区域成像等复杂任务。敏捷卫星技术的出现,极大提高了卫星的对地观测能力。

敏捷卫星是一类高成本的稀有资源,通过合理调度以提高其使用效率,能够带来巨大的经济、社会和军事效益。但近年来,卫星能力的提高和新的观测需求的不断涌现,为卫星调度问题的研究提出了新的挑战:首先,由于敏捷姿态机动能力,卫星对目标的可见时间范围变得更长,开始观测时间的确定更加自由,因此极大地增大了问题的解空间,同时,由于卫星观测每个目标时可能采用不同的姿态角度,卫星两次观测之间的姿态机动时间由两次观测的开始时间决定,这种时间依赖特性使得敏捷卫星调度问题十分复杂。其次,当前我国的卫星管控主要采用地面集中式协同调度方法,即在地面将任务分配给多颗卫星,并统一生成调度方案,但随着各行各业对卫星观测信息需求的不断增加,该模式面临着诸多问题:大规模卫星协同效率难以提高、无法实现对紧急事件的快速响应、离线调度方案容易受到云层遮挡、卫星故障等不确定性的影响,因此,有必要针对星上自主协同调度问题展开研究,利用星上计算能力提高卫星面向各类任务的时效性。

本书围绕上述背景,系统阐述了作者多年来在敏捷卫星协同调度方面积累的研究成果。敏捷卫星协同调度问题是典型的NP-hard的组合优化问题,因此本书主要采用启发式优化方法对其进行求解。启发式方法指的是用于求解组合优化问题的基于直观或经验构造的算法,能够在可接受的计算时间和空间开销下给出问题的可行解或近似最优解。

本书主要面向管理科学与工程及遥感应用领域相关专业的研究生、科研工作者和工程技术人员,在编写过程中力求从应用实践出发,结合当前技术现状和未来的发展,扩展读者的视野和知识面,并为相关领域科研技术人员提供有实用价值的参考。

本书共分 6 章,主要内容有绪论、带有时间依赖特性的单颗敏捷卫星调度问题、多颗敏捷卫星协同调度问题、考虑时变云层遮挡的多颗敏捷卫星协同调度问题和考虑紧急任务的多颗敏捷卫星自主协同调度问题、总结与展望等,其中既包括了当前卫星应用的工程实践,也包括了部分前瞻性研究成果。第 1 章由陈英武、邢立宁撰写,第 3 章由刘晓路撰写,第 2 章及第 4~6 章由何磊撰写,何磊负责全书的主编和统稿工作。

在撰写本书的过程中,我们参阅了大量的文献,书中所附的主要参考文献仅为其中的一部分,在此向所有列入和未列入参考文献的作者们表示衷心感谢!

本书在撰写、形成和出版过程中,得到了国防科技大学系统工程学院的全力支持和清华大学出版社的大力帮助,本书的出版还受到了国家自然科学基金项目(编号:72001212)的支持,在此一并表示感谢!

限于作者的水平,书中难免有不妥与疏漏之处,敬请读者不吝赐教。

作　者

2021 年 6 月于长沙

目录

CONTENTS

第1章

绪　论

作为空间图像采集的主要平台,对地观测卫星(earth observation satellite, EOS)的主要任务是根据用户需求获取地球表面的观测信息。由于其具有覆盖范围广、成像时间长、不受国境限制等优势,因而在经济发展、灾害救援和应急监测等任务中发挥着越来越重要的作用[1]。对地观测卫星的运行依赖于卫星任务规划系统,该系统能够在满足航天资源系统的能力限制、不同任务的特殊要求的情况下,合理分配包括多卫星、多地面站等空间和地面资源,对信息获取、处理、传输的各种活动进行调度安排,从而生成卫星对地观测计划、数传计划、测控计划、地面站接收计划和地面数据传输与处理计划。卫星的任务规划系统具有分析用户需求、辅助指挥决策、协同星地资源、控制任务实施的作用,是保障卫星系统完成多样化任务、高效运行的关键。

卫星的观测任务调度问题是卫星任务规划系统中要解决的关键问题,其求解效率直接影响整个卫星任务规划系统的工作效率。由于卫星的数量以及观测能力有限,难以满足全部的任务需求,因而卫星的观测任务调度问题在数学本质上属于一类过载调度问题,其与运筹学领域的经典调度问题——订单接受与调度(order acceptance and scheduling, OAS)问题[2]相似,即要求同时求解任务的选择问题和所选择任务的调度问题。具体来讲,卫星观测调度的主要目标是从元任务(指经过任务预处理,包括任务分解和计算可见时间窗口之后卫星能够一次性观测完成的单一任务[3])集合中选出部分元任务,确定每个所选择元任务的开始时间,安排成像调度方案,从而最大化观测收益。由于元任务的选择问题和调度问题相互耦合,因此卫星观测任务调度问题十分复杂。

近年来,我国遥感卫星载荷能力的快速发展、卫星平台的机动能力的提高以及遥感应用的不断拓展,给对地观测系统带来了许多新的挑战:

首先,新一代敏捷对地观测卫星(agile earth observation satellite, AEOS)的出现,使得卫星的观测调度问题变得更加复杂。如图 1.1 所示,与传统非敏捷 EOS 相比,AEOS 具有三个自由度(即滚动、俯仰和偏航)[4],这使得它们能够在通过目

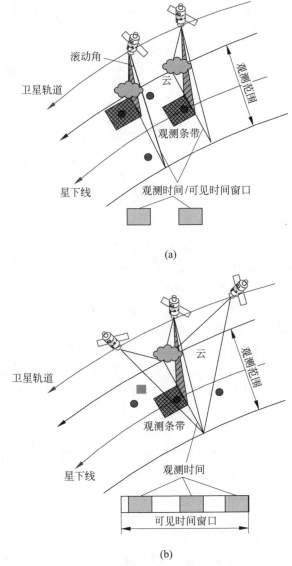

图 1.1   非敏捷 EOS 与 AEOS 区别
(a) 非敏捷 EOS；(b) AEOS

标正上方之前或之后观测目标,这种敏捷性极大地增强了卫星观测能力,使 AEOS 可以完成更复杂的任务,包括立体成像和大面积成像等,但 AEOS 的观测调度问题比传统非敏捷 EOS 的调度问题困难得多。传统 EOS 由于仅具有一个方向的自由度,仅能在飞到目标点上方时对目标进行观测,其观测的实际时间等于可见时间窗口,每个任务的观测开始时间固定,因此可以视作一类特殊的 OAS 问题,即订单的选择问题,无需进行任务调度[5]。而对于 AEOS,由于其敏捷性,它们的可见时间窗口变得比需要的观测时间长得多,对任务的观测可以在可见时间窗口内的任何时刻开始,这极大地增大了问题的解空间,属于带有时间窗口的 OAS 问题[2]。AEOS 调度的另一个难点是它的时间依赖特性[5]:卫星在两个相邻观测之间需要一定的姿态转换时间来调整其观测角度,不同的观测开始时间意味着不同的观测角度,这会影响相应的姿态转换时间;另外,根据 AEOS 的特性,不同的观测角度也会影响图像质量,因此图像质量也是时间依赖的。AEOS 的调度问题已被证明是一个 NP-hard 的组合优化问题[5]。

其次,执行大面积区域监测、海洋移动目标跟踪等复杂任务时,需要多颗卫星协同完成观测。一般来讲,一颗单独的卫星能够实现的时间和空间覆盖率是极其有限的,同时,不同传感器具有不同的观测能力,每种传感器仅能获得目标的部分信息,无法满足面向大量不同观测目标的任务需求;此外,由于卫星故障、通信链路的不稳定性、反卫星武器威胁等因素的影响,单颗卫星(简称单星)能够完成观测任务的概率会大大降低。随着卫星数目的不断增加,需要通过多颗卫星(简称多星)与地面站的有效合作,实现资源共享和优势互补,充分发挥包含地面站在内的成像侦察卫星的整体效能,完成单颗卫星因轨道和能力限制无法完成的任务[6]。当前多星协同调度通常在地面站进行,由地面站统一调度多颗卫星的任务,并将任务上传给不同卫星,属于一种集中式的协同方式。但是,随着卫星和任务规模的提升,当前的多星集中式的协同方法将为地面管控带来极大挑战,同时,在某些带有时间和通信限制的应用场景中,集中式的协同方法也难以满足时效性的要求。

最后,当前基于地面的卫星观测调度模式无法避免不确定性对观测带来的影响,例如紧急任务的随机到达、云层覆盖的变化、不确定的机器故障等。在观测过程中,卫星依轨道运行,由于地面站的部署受到地理条件和国界的限制,无法实现卫星与地面站之间信息的实时交互,星地之间只能采用一种周期式的通信方式。地面站在制订卫星的观测任务计划时,很难考虑未来发生的不确定性事件,容易导致地面站制订的调度计划无法执行,降低卫星的使用效率。以云层遮挡为例,据统计,我国的卫星每年因云层遮挡而造成的无效成像比例高达 60%[7]。随着各行各业对卫星观测信息需求的不断增加,传统的基于地面的卫星管控模式面临着许多挑战:无法实现对紧急事件的快速响应;观测受到云层遮挡、卫星故障等不确定性的影响,降低了卫星的使用效能;随着卫星数量和测控信息量的迅速增加,整个基于地面的管控系统的控制、通信、协调都变得更加困难。

随着卫星技术的发展,新一代对地观测卫星开始具备星上计算和处理能力,使卫星管控中降低人为干预、实现星上自主决策成为可能。与传统卫星相比,这一类自主卫星具有更高的性能、更好的容错能力、更高的可靠性和更低的维护成本。当前针对自主卫星的研究,国外处于领先地位,已经有数颗正在服役的自主卫星,例如美国国家航空航天局(National aeronautics and space adminstration,NASA)的 Earth Observing-1(EO-1)[8] 是一颗自主卫星,能够自主发现地球表面的科学事件,包括火山爆发、洪水灾害等,其自主管理能力可以每年节省超过一百万美元的管控费用,同时发现价值超过一百八十万美元的科学事件[9]。其他较为知名的自主卫星还包括美国空军的 TacSat[10]、德国航空航天中心(German aerospace center,DLR)的 FireBIRD[11] 以及法国国家空间研究中心(National center for space studies,CNES)的 PLEIADES[12] 等。我国针对自主卫星的研究仍处于起步阶段。在 2008 年汶川地震救援等非作战军事行动中,我国的观测卫星尽管发挥了重要作用,但缺乏对突发事件的快速响应能力,无法及时捕捉受灾地区的气象条件和受灾状况,导致信息获取更多地受制于国外的卫星系统[13]。

随着"遥感 20 号"卫星的成功在轨应用,越来越多的敏捷卫星(星座)将被投入使用,如何高效地调度带有时间依赖的敏捷卫星,协同调度多颗敏捷卫星,实现敏捷卫星星上自主任务协同,最大化发挥敏捷卫星的观测效能,成为一项值得研究的问题。本书围绕该主题,重点介绍了带有时间依赖的单颗敏捷卫星调度问题、带有时间依赖的多颗敏捷卫星协同调度问题、考虑时变云层遮挡的多颗敏捷卫星协同调度问题和考虑紧急任务的多颗敏捷卫星自主协同调度问题。本书的研究意义可以总结如下:

(1)理论意义:敏捷卫星调度问题本质上属于一类组合优化问题,其特征与运筹学领域的经典问题——订单接受与调度问题十分相似。本书介绍的方法涉及精确求解方法、启发式搜索策略、随机过程等相关技术。算法同时考虑了通用性和可扩展性,对过载订阅问题、带有次序依赖和时间依赖特性的调度问题、大规模多机协同调度问题、考虑不确定性的在线分布式协同调度问题等相关的理论研究具有积极意义。

(2)实践意义:本书的研究内容涉及我国敏捷卫星任务调度领域的多个亟待解决的问题。针对带有时间依赖的敏捷卫星调度问题的研究,能够最大化地发挥敏捷卫星的观测能力,提高卫星的使用效能;多星协同调度技术通过协同多颗卫星共同工作,可以完成规模较大、任务环境复杂的使命级任务;不确定性条件下卫星协同调度的研究,能够降低云层遮挡等不确定因素对成像的影响,提高卫星对不确定性突发事件的响应速度,及时获取突发事件的情报信息,为后续决策提供有力的信息保障;卫星进行星上自主分布式协同能够降低星间通信的成本和地面管控单位的压力。这些方法能够为我国卫星事业的发展提供技术支撑,具有一定的实践意义。

本书的组织结构图如图 1.2 所示,主要包括以下四点:

(1)带有时间依赖的单颗敏捷卫星调度问题

能够高效求解单颗敏捷卫星调度问题,是良好地解决多颗敏捷卫星协同调度问题的关键。因此,本书首先对带有时间依赖的单颗敏捷卫星调度问题进行介绍,给出了一种结合自适应大邻域搜索算法和禁忌搜索算法的混合算法,算法包含多种禁忌规则、多个通用随机化邻域算子、一种部分序列支配策略、一种针对带有序

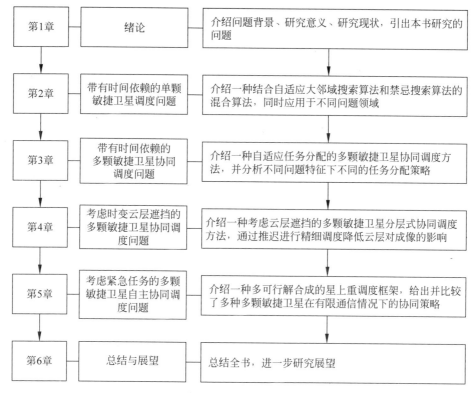

图 1.2 本书组织结构

列依赖和时间依赖调度问题的任务快速插入策略。该调度方法具有良好的通用性,在包括单颗敏捷卫星调度问题在内的三类不同问题上,均取得了比当前最优算法更好的效果。本书进一步分析了算法在具有不同特性的算例上的表现,得出了一些指导算法参数设置的通用结论。

(2)带有时间依赖的多颗敏捷卫星协同调度问题

多星协同调度问题的主要难点之一是由于卫星数量增加而导致的解空间急剧增大。为了解决该问题,首先深入分析了针对多星协同调度问题进行任务分配的重要性;然后介绍了一种自适应任务分配策略,并将提出的自适应大邻域搜索算法扩展到多颗卫星协同调度的情况。该自适应分配方法考虑了多种任务分配方式,算法能够根据不同算例的特性自主调整各个任务分配算子的权重,从而实现自适应的任务分配。大量的计算结果表明,所提出的自适应任务分配机制比当前最新的多颗卫星协同调度处理方法更有效。在仿真实验中,分析了参数对算法性能的影响,并对不同算例进行了比较,得出了一些通用结论。

(3)考虑时变云层遮挡的多颗敏捷卫星协同调度问题

针对如实时变化的云层遮挡这类可以预测的不确定性,介绍了一种介于全在线与离线之间的、用于实时调度问题的分层式协同调度方法。利用云层预报的准确性随着预测提前时间的减少而提高的特性,该方法从一个简单的任务分配和粗略调度过程开始,随着任务观测开始时间的临近,对云层的预测准确性逐渐提高,逐步改善调度的精细度。本方法通过推迟调度时间,有效减少云层覆盖对观测的影响。同时,与传统的包含离线调度和在线重调度的两阶段调度方法相比,此方法中确定具体观测开始时间的精细调度仅执行一次,实现了更高的资源利用率。仿真结果表明,该算法可以在多种任务分布方式、调度范围、任务数量和卫星数量的算例上,降低计算成本、提高解质量,其解质量优于传统的包含离线调度和在线重调度的两阶段调度方法,特别是针对规模较大的算例。该框架和层次结构机制也可以应用于其他具有实时变化环境的大规模多机协同优化问题。

(4) 考虑紧急任务的多颗敏捷卫星自主协同调度问题

紧急任务是卫星系统在应用过程中经常遭遇的另一类不确定性事件,例如自然灾害、周边热点事件等。由于较大的时间和空间的不确定性,很难对这些紧急任务进行预测。针对此问题,提出一种多可行解合成框架,将复杂的星上调度问题转换为一个简单的可行解选择问题,实现在有限的计算资源和计算时间的约束下,快速生成一个质量较高的解。同时,给出多种不确定环境中的多星分布式协同调度方法,包含一种贪婪选择机制,一种基于多 Agent 马尔可夫决策过程的最优协同策略机制,以及一种基于混合整数规划的最优选择机制。这些多星协同方法使卫星可以根据策略快速做出独立决策,从而在不进行通信的情况下也能快速取得较高收益。通过多组仿真实验,验证了介绍的多解合成框架和分布式协同策略对于星上重调度问题的有效性。同时,介绍了不同协同策略对具有不同特征的算例的适应性。

本书采用一种由浅入深的脉络对敏捷卫星协同调度技术进行介绍,如图 1.3所示,重点介绍多星协同与不确定性两个维度的关键问题:首先介绍最简单的确定性的带有时间依赖的单颗敏捷卫星调度问题,因为一个高效率的单星调度算法是研究多星协同以及考虑不确定性问题的基础;接着在单星调度基础上,介绍带

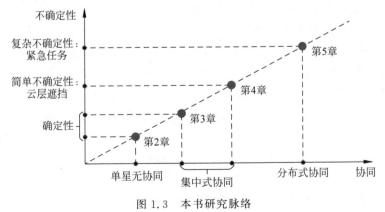

图 1.3   本书研究脉络

有时间依赖的多星协同调度方法；接下来，针对考虑两类不确定性的敏捷卫星观测调度展开研究：首先针对一类相对简单的可以预测的不确定性的处理方法，以实时变化的云层遮挡为例，给出一种集中式的协同调度方法；最后针对较复杂的难以预测的不确定性，以紧急任务的随机到达为例，给出一种分布式的协同调度方法，使得多颗卫星在有限信息通信限制下也能有效协同。其他本书未考虑的不确定性，如卫星故障、通信链路故障等，亦可以采取这种思路，归类为这两类不确定性，从而在建模与调度算法中，采用类似的求解方法。

第2章

带有时间依赖的单颗
敏捷卫星调度问题

由于敏捷卫星调度问题的复杂性,即使不考虑多星协同以及观测中可能遇到的不确定性,该问题仍然是一个 NP-hard 问题。能够在确定性环境下高效求解单星调度问题,是良好地解决多颗敏捷卫星协同调度问题和不确定性环境下敏捷卫星调度问题的关键。因此,本章首先针对确定性的带有时间依赖的单颗敏捷卫星调度问题进行介绍。

首先对研究的问题进行介绍。本章首次完整地定义了解决该问题的混合整数线性规划(mix integer linear programming,MILP)模型,与 Liu 等人[14] 的两阶段 MILP 模型相比,该模型避免枚举所有时间窗口组合,具有更低的复杂度,同时考虑了带有时间依赖的星上能量约束,更加贴近现实。然后介绍了一种结合自适应大邻域搜索(adaptive large neighbourhood search,ALNS)算法与禁忌搜索(tabu search,TS)算法的混合调度方法用于求解该问题,与现有技术相比,该混合算法可以在更少的计算时间里提供质量更高的解。禁忌机制的引入有助于避免 ALNS 算法搜索最近访问过的解。该方法中同时包含一种部分序列支配机制,它有助于收集和使用标准 ALNS 算法中忽略的过程信息,能够极大地提高 ALNS 算法的性能。特别是针对大规模算例,提出了一种考虑时间依赖转换时间的任务快速插入策略,可以快速判断任务是否可以插入可行解,提高搜索效率。最后,该算法属于一类通用算法,实验结果表明,该算法在多个不同问题领域的表现均超过了当前最先进的算法。同时,通过算法分析得到了一些有用的结论,用于指导在不同领域应用所提出的算法时,算法的参数设置。

2.1　问题描述与建模

带有时间依赖的多轨道敏捷卫星观测调度问题旨在从几个连续轨道中选择多个任务,并在不违反约束的情况下确定选择任务的观测序列和观测时间。轨道是指卫星绕地球旋转的时间间隔,轨道的起点可以设置为卫星飞离地球地影或经过一个特定纬度或经度的时间,卫星能够从多个轨道观测给定任务,因此每个任务具有多个可见时间窗口。在本章所提出的 MILP 模型中,考虑但简化了星上内存和能量限制:针对这些星上的可再生资源,假设每个轨道使用的内存和能量不能超过一个预先规定的上限。最后,需要指出的是,本书仅考虑经过预处理的元任务(即带有可见时间窗口、卫星相机幅宽可以覆盖、一次过境完成观测的任务[3])的调度问题,对于大区域目标、移动目标跟踪等任务,可以参考 Bunkheila 等人[15]和任必虎等人[16]介绍的方法将其划分为数个条带,转换成多个元任务进行观测。针对此类复杂任务的处理不在本书的研究范围内。

下面首先提供一种角度拟合方法来表示 MILP 模型中带有时间依赖的姿态转换时间,然后定义该 MILP 模型本身。

2.1.1　带有时间依赖的姿态转换

令 t_i 为元任务列表 T 中可以观测的一个目标。由于敏捷卫星的可见时间窗口很长,在同一个可见时间窗口内不同观测开始时间的图像质量会有所不同,在提交任务时,用户通常会对任务施加一定的图像质量约束(入射角和/或方位角范围)。根据 Liu 等人[14]提供的公式,假设任务 t_i 的成像质量 q_i 必须高于用户规定的最低成像质量 c_i,令 u_{ij} 为任务 t_i 在第 j 个时间窗口 w_{ij} 内的开始观测时间,成像质量 q_i 为 u_{ij} 的函数,由下式表示:

$$q_i = 10 - 9 \frac{\left| \frac{u_{ij}+v_{ij}}{2} - w_{ij}^* \right|}{\frac{l_{ij}}{2} - \frac{d_i}{2}} = 10 - 9 \frac{|2u_{ij}+d_i-2w_{ij}^*|}{l_{ij}-d_i} \tag{2.1}$$

其中,v_{ij} 表示任务 t_i 在可见时间窗口 w_{ij} 中的观测结束时间;d_i 表示观测持续时间;$v_{ij}=u_{ij}+d_i$;l_{ij} 是整个可见时间窗口 w_{ij} 的长度;w_{ij}^* 为 w_{ij} 中成像质量最佳的成像时间。

在文献[14]中,成像质量被作为模型中的一个约束,规定卫星拍摄图像的成像质量必须高于用户规定的最小成像质量,$q_i \geqslant c_i$。在本书中,使用式(2.1)对可见时间窗口进行裁剪,使得不符合用户规定成像质量的部分被裁剪掉,同时,裁剪使得可见时间窗口变短,能够提高本节中所介绍的角度拟合的精度,从而建立问题的混合整数线性规划模型。

根据公式(2.1)以及 $q_i \geqslant c_i$,可行的成像开始时间是全部可见时间窗口的一部分。令 b_{ij} 和 e_{ij} 分别代表可见时间窗口 w_{ij} 的开始时间和结束时间,b_{ij}^* 和 e_{ij}^* 分别代表最早可行成像开始时间以及最晚可行成像开始时间,即

$$b_{ij}^* = \max\left(\frac{(l_{ij}-d_i)(c_i-10)}{18} + w_{ij}^* - \frac{d_i}{2}, b_{ij} \right) \tag{2.2}$$

$$e_{ij}^{*} = \min\left(\frac{(l_{ij} - d_i)(10 - c_i)}{18} + w_{ij}^{*} - \frac{d_i}{2}, e_{ij} - d_i\right) \tag{2.3}$$

卫星对观测目标的可见时间窗口以及各时刻对应的卫星姿态通常在进行实际调度之前的预处理阶段完成,预处理阶段通过卫星的位置、地面目标的位置以及地球自转等因素,计算可见时间窗口以及可见时间窗口内卫星的姿态序列。尽管这些方程是非线性的,但这些卫星姿态角度以及所对应的时间,能够使用 b_{ij}^{*} 和 e_{ij}^{*} 之间的线性公式进行较好的拟合(如图 2.1 所示)。根据实验,在平均 200 个任务的算例中,可见时间窗口的长度约为 300s,然而使用该拟合方法计算的姿态转换时间的误差小于 0.5s,在可接受的范围内。

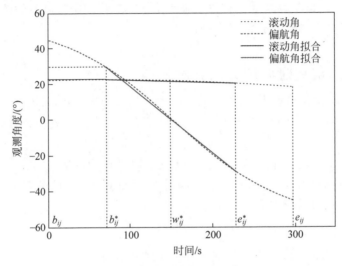

图 2.1　姿态角度拟合示例

2.1.2　混合整数线性规划模型

(1)目标函数

任务 t_i 的收益由任务的优先级 g_i 决定,$g_i \in [1,10]$。本模型的优化目标是最大化全部观测任务的收益之和,即

$$\max \sum_{i=1}^{|T|} \sum_{j=1}^{|W_i|} x_{ij} g_i \tag{2.4}$$

其中,W_i 是任务 t_i 的可见时间窗口集合;x_{ij} 是本模型的二元决策变量:当且仅当 w_{ij} 用于观测任务 t_i 时 $x_{ij} = 1$,否则 $x_{ij} = 0$;本模型的另一个决策变量为 u_{ij},表示任务 t_i 在可见时间窗口 w_{ij} 中的观测开始时间。

(2)约束条件

约束(2.5)为唯一性约束,表示每个任务至多被观测一次,即

$$\sum_{j=1}^{|W_i|} x_{ij} \leqslant 1, \quad \forall t_i \in T \tag{2.5}$$

约束(2.6)为姿态机动约束,表示前一任务的观测结束时间 v_{ij} 到下一任务的观测开始时间 u_{kl} 之间的时间需要足够进行任务 t_i 到任务 t_k 的姿态转换(使用 $\tau_{w_{ij}w_{kl}}$ 表示)。在式(2.6)中,w_{ij} 和 w_{kl} 分别为观测任务 t_i 和任务 t_k 所选择的可见时间窗口,同时,t_i 是 t_k 的直接前驱,并使用 $\rho_{w_{ij}w_{kl}}=1$ 表示,关于 $\rho_{w_{ij}w_{kl}}$ 的约束条件由式(2.7)~式(2.9)表示:

$$v_{ij} + \tau_{w_{ij}w_{kl}} \leqslant u_{kl}, \quad 若 \rho_{w_{ij}w_{kl}}=1,$$
$$\forall t_i, t_k \in T, i \neq k, w_{ij} \in W_i, w_{kl} \in W_k \tag{2.6}$$

$$\sum_{k=1}^{|T|} \sum_{l=1}^{|W_k|} \rho_{w_{ij}w_{kl}} + \rho_{w_{ij}w^e} = x_{ij}, \quad \forall w_{ij} \in W_i, t_i \in T \tag{2.7}$$

$$\sum_{k=1}^{|T|} \sum_{l=1}^{|W_k|} \rho_{w_{kl}w_{ij}} + \rho_{w^s w_{ij}} = x_{ij}, \quad \forall w_{ij} \in W_i, t_i \in T \tag{2.8}$$

$$\sum_{i=1}^{|T|} \sum_{j=1}^{|W_i|} \rho_{w_{ij}w^e} = \sum_{i=1}^{|T|} \sum_{j=1}^{|W_i|} \rho_{w^s w_{ij}} = 1 \tag{2.9}$$

在式(2.7)和式(2.8)中,w^s 和 w^e 为两个虚拟节点,代表卫星上的第一个和最后一个可见时间窗口。该约束表示若某一个可见时间窗口被选择观测,则其有且仅有一个直接前驱以及一个直接后继。

约束(2.10)表示对任务的观测持续用户规定的时间,即

$$v_{ij} = u_{ij} + d_i, \quad \forall w_{ij} \in W_i, t_i \in T \tag{2.10}$$

约束(2.11)~约束(2.15)用于计算两个观测之间的姿态转换时间。在约束(2.11)中,$\theta_{w_{ij}w_{kl}}$ 表示两个观测之间的姿态转换角度,其中 $a_1 \sim a_4$ 表示四个不同的姿态转换速度。在式(2.12)中,$\gamma_{ij}^t, \pi_{ij}^t, \psi_{ij}^t$ 分别表示卫星观测位于时刻 t 的滚动、俯仰、偏航角,可分别使用式(2.13)~式(2.15)进行计算。参数 $a_{ij}^\gamma, a_{ij}^\pi, a_{ij}^\psi, b_{ij}^\gamma, b_{ij}^\pi, b_{ij}^\psi$ 表示所选择的可见时间窗口 w_{ij} 拟合的线性姿态角公式的参数,这些参数在 2.1.1 节中介绍的预处理过程中进行计算。

$$\tau_{w_{ij}w_{kl}} = \begin{cases} 10 + \theta_{w_{ij}w_{kl}}/a_1, & \theta_{w_{ij}w_{kl}} \leqslant 15 \\ 15 + \theta_{w_{ij}w_{kl}}/a_2, & 15 < \theta_{w_{ij}w_{kl}} \leqslant 40 \\ 20 + \theta_{w_{ij}w_{kl}}/a_3, & 40 < \theta_{w_{ij}w_{kl}} \leqslant 90 \\ 25 + \theta_{w_{ij}w_{kl}}/a_4, & \theta_{w_{ij}w_{kl}} > 90 \end{cases},$$
$$\forall t_i, t_k \in T, i \neq k, w_{ij} \in W_i, w_{kl} \in W_k \tag{2.11}$$

$$\theta_{w_{ij}w_{kl}} = |\gamma_{ij}^{u_{ij}} - \gamma_{kl}^{u_{kl}}| + |\pi_{ij}^{u_{ij}} - \pi_{kl}^{u_{kl}}| + |\psi_{ij}^{u_{ij}} - \psi_{kl}^{u_{kl}}|,$$
$$\forall t_i, t_k \in T, i \neq k, w_{ij} \in W_i, w_{kl} \in W_k \tag{2.12}$$

$$\gamma_{ij}^t = a_{ij}^\gamma t + b_{ij}^\gamma, \quad \forall w_{ij} \in W_i, t_i \in T \tag{2.13}$$

$$\pi_{ij}^t = a_{ij}^\pi t + b_{ij}^\pi, \quad \forall w_{ij} \in W_i, t_i \in T \tag{2.14}$$

$$\psi_{ij}^t = a_{ij}^\psi t + b_{ij}^\psi, \quad \forall w_{ij} \in W_i, t_i \in T \tag{2.15}$$

约束(2.16)和约束(2.17)分别为星上存储约束与能量约束,其中 α^M 和 α^E 分别代表卫星在一个轨道上可用存储与电量占全部存储 M 与全部电量 E 的百分比,是两个估计值。r_{ij}^m 为一个二元辅助参数,代表可见时间窗口 w_{ij} 是否在调度周期的第 m 个轨道 o_m 上。m^o, p^o, p^s, p^a 分别为卫星进行观测时每秒消耗的存储、每秒消耗的电量、每次姿态转换消耗的固定能量以及进行姿态转换时每度消耗的能量。星上能量约束同样是具有时间依赖特性的,因为卫星进行姿态转换消耗的电量与卫星开始观测两个任务的时间有关。在约束(2.18)中,$\theta_{w_{ij}w_{kl}}^*$ 为一个辅助变量,用于计算姿态转换消耗的能量,其值可用一个由 $\rho_{w_{ij}w_{kl}}$ 影响的线性分段函数式(2.18)表示:

$$\sum_{i=1}^{|T|} \sum_{j=1}^{|W_i|} r_{ij}^m d_i m^o \leqslant \alpha^M M, \quad \forall o_m \in O \tag{2.16}$$

$$\sum_{i=1}^{|T|} \sum_{j=1}^{|W_i|} r_{ij}^m (x_{ij} d_i p^o + x_{ij} p^s + \sum_{k=1}^{|T|} \sum_{l=1}^{|W_k|} \theta_{w_{ij}w_{kl}}^* p^a) \leqslant \alpha^E E,$$
$$\forall o_m \in O \tag{2.17}$$

$$\theta_{w_{ij}w_{kl}}^* = \begin{cases} \theta_{w_{ij}w_{kl}}, & \text{若 } \rho_{w_{ij}w_{kl}} = 1, \\ 0, & \text{其他} \end{cases},$$
$$\forall t_i, t_k \in T, i \neq k, w_{ij} \in W_i, w_{kl} \in W_k \tag{2.18}$$

约束(2.19)~约束(2.21)代表变量的值域。在式(2.20)中,可见时间窗口的开始时间与结束时间已经在式(2.2)和式(2.3)中根据成像质量约束进行裁剪,因此该模型中不包含成像质量约束。

$$x_{ij} \in \{0,1\}, \quad \forall w_{ij} \in W_i, t_i \in T \tag{2.19}$$

$$b_{ij}^* \leqslant u_{ij} \leqslant e_{ij}^*, \quad \forall w_{ij} \in W_{ij}, t_i \in T \tag{2.20}$$

$$\rho_{w_{ij}w_{kl}} \in \{0,1\}, \quad \forall t_i, t_l \in T, i \neq k, w_{ij} \in W_i, w_{kl} \in W_k \tag{2.21}$$

据了解,该模型是第一个完整包含时间依赖的姿态转换以及能量约束的多轨道敏捷卫星调度问题的混合整数线性规划模型,该模型使用姿态角度拟合的方法使得模型中可以建立关于时间依赖姿态角度的线性约束。与 Liu 等人[14] 的两阶段混合整数线性规划模型相比,该模型避免对全部可见时间窗口的组合进行枚举,具有更低的复杂度,同时该模型考虑了带有时间依赖的能量约束,更加真实。

由于该问题的 NP-hard 特性,使用混合整数线性规划方法难以在可接受的时间范围内对大规模算例进行求解,因此,在下一节中,介绍一种元启发式方法对问题进行求解。

2.2 混合 ALNS 算法

本章采用自适应大邻域搜索(ALNS)算法[14,17]对问题进行求解。ALNS 算法最早用于求解带有时间窗口的车辆运输问题[17],该问题与本章研究的问题在时间窗口与时间依赖特征上十分相似,因此 ALNS 算法适用于本问题。ALNS 算法提供了一个可以根据不同问题的特性定义多个算子的框架,因此具有较好的通用性。尽管 ALNS 算法被成功应用于多个问题并取得了较好的效果,但 ALNS 算法仍然存在两点不足:首先,ALNS 算法的搜索效率可能由于重复搜索近期的解而降低;其次,ALNS 算法仅仅根据一个解的优劣决定是否接受这个解,然而,在搜索的过程中,有很多中间解具有质量很好的子序列,但由于整体的收益较低而被放弃,因此在标准 ALNS 算法中,很多潜在的有价值的过程信息被忽视了。

本章介绍一种新的混合 ALNS 算法,该方法建立在 Liu 等人[14]的标准 ALNS 算法基础上。在下面的小节中,首先介绍标准的 ALNS 算法框架,其次依次介绍本章提出的 4 种新的 ALNS 算法的特性:禁忌搜索(TS)混合,随机化邻域算子,部分序列支配(partial sequence dominance,PSD),以及一种新的快速插入(fast insertion,FI)策略。最终得到的新算法,称为 ALNS/TPF(即取每一个新特性的首字母)算法。该算法框架的伪代码如下。

算法 2.1 ALNS/TPF 算法框架

输入:观测任务集合 T
输出:最佳调度方案 S_B
1: $S_0 \leftarrow$ 根据 T 生成初始解
2: $S_C \leftarrow S_0, S_B \leftarrow S_0$;   //令初始解为当前解与当前最佳解
3: **repeat**
4:     根据权重选择一对删除与插入算子 D_i, R_i;
5:     $S_N \leftarrow R_i(D_i(S_C))$; //生成新解
6:     更新全部删除和插入任务的禁忌属性值;
7:     利用 S_C 和 S_N 生成合成解 S_{com};
8:     **if** $f(S_{com}) > f(S_N)$ **then**
9:         $S_N \leftarrow S_{com}$;
10:     **end if**
11:     **if** 模拟退火(simulated annealing,SA)标准接受 S_N **then**
12:         $S_C \leftarrow S_N$;
13:     **end if**
14:     **if** $f(S_C) > f(S_B)$ **then**
15:         $S_B \leftarrow S_C$;
16:     **end if**
17:     更新算子权重;
18: **until** 满足终止条件;
19: **return** S_B

2.2.1　ALNS 算法框架

相对于传统局部搜索算法,ALNS 算法对于初始解的质量并不敏感[18],因此通常采用一种简单的贪婪算法构建算法的初始解。在本章中,首先根据可见时间窗口的开始时间对任务进行排序,然后根据全部约束将尽可能多的任务插入到解中,每个任务采取紧前排列策略(即每个任务尽早开始),无法插入的任务直接放弃。

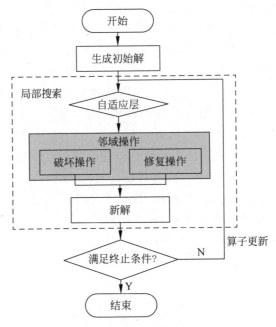

图 2.2　ALNS 算法框架

ALNS 算法的框架如图 2.2 所示。ALNS 算法使用双层循环来搜索问题空间,其中,内循环为一个局部搜索过程,通过对解进行破坏和修复实现解的更新:在破坏操作中,一部分任务通过删除算子被从当前解中删除;未被调度的任务以及被删除的任务通过插入算子,在修复过程中被插入原解。

ALNS 算法在每次迭代中,根据算子权重选择一对删除算子和插入算子,算子的权重根据在之前迭代中累积的算子分数进行更新。令 π_i 为算子 i 的分数,ω_i 为算子 i 的权重,算子分数的更新规则为

(1) $\pi_i \leftarrow \pi_i + \sigma_1$:如果在此次迭代中找到了一个新的全局最优解;

(2) $\pi_i \leftarrow \pi_i + \sigma_2$:如果新解优于当前解,但差于当前最优解;

(3) $\pi_i \leftarrow \pi_i + \sigma_3$:如果新解差于当前解,但该解被接受;

(4) $\pi_i \leftarrow \pi_i + \sigma_4$:如果新解被放弃。

算子 i 的权重更新规则为

$$\omega_i = (1-\lambda)\omega_i + \lambda \frac{\pi_i}{\sum\limits_j \pi_j} \tag{2.22}$$

其中,$\lambda \in [0,1]$代表算子权重更新时历史权重所占的比例。采用轮盘赌机制进行算子选择,一个算子被选择的概率为

$$p_i = \frac{\omega_i}{\sum\limits_j \omega_j} \tag{2.23}$$

如果一个新解的收益高于当前解,则该新解被接受,替换当前解;若该新解差于当前解,则使用模拟退火(simulated annealing,SA)标准接受新的解:令 $f(S_C)$ 和 $f(S_N)$ 分别为当前解和新解的收益,新解若差于当前解,则新解被接受的概率为

$$\rho = \exp\left(\frac{100}{\gamma}\left(\frac{f(S_N) - f(S_C)}{f(S_C)}\right)\right)$$

其中,γ 为温度,采用了一个线性模拟退火的方式进行温度更新,

$$\gamma = c\gamma$$

式中,c 为退火系数。温度的初始值设定参考 Pisinger[17] 介绍的方式,即

$$\gamma_0 = \frac{-0.05}{\ln 0.5} \times f(S_0) \tag{2.24}$$

算法包含两个终止条件:①达到最大迭代次数或最大连续未提升迭代次数;②全部带有可见时间窗口的任务都被成功调度。

2.2.2 禁忌搜索混合

禁忌搜索(TS)算法最初由 Glover[19] 提出。在 TS 算法中,通常定义了一些简单的局部搜索操作用于解的更新,为了防止短期循环,最近访问过的解或最近使用的局部搜索操作存储在禁忌列表中,在列表中的解或操作不会被再次选择,被禁忌的解或操作在经过一段时间或迭代次数后,取消禁忌状态。

Žulj 等人[20] 首次提出了 ALNS 算法与 TS 算法结合的混合算法,该算法被应用于一个订单拣货批量问题(order-batching problem),其成功结合了 ALNS 算法的泛化(diversification)能力与 TS 算法的强化(intensification)能力。该算法首先使用 ALNS 算法进行搜索,一定迭代次数之后,调用 TS 算法进行搜索,因此 ALNS 算法与 TS 算法是采用一种循环交替的二阶段方法进行结合的。但由于 ALNS 算法和 TS 算法是在不同阶段使用的,该算法并不能从根本上改变 ALNS 算法可能出现的短期循环问题。相对地,本章提出一种 ALNS 算法与 TS 算法紧密混合方法,该方法包括三种禁忌模式:删除禁忌,插入禁忌以及即时禁忌。

(1)删除禁忌:对于每个任务,生成一个删除禁忌属性。如果一个新的解被接受了,则在这次迭代中被插入的任务在接下来的 θ 次迭代中被禁止删除;否则,在

这次迭代中被删除的任务在接下来的 θ 次迭代中被禁止删除。

（2）插入禁忌：对于每个任务，生成一个插入禁忌属性。如果一个新的解被接受了，则在这次迭代中被删除的任务在接下来的 θ 次迭代中被禁止插入。与前文介绍的删除禁忌不同，在这里若解没有被接受，本算法不给本次迭代中被插入的任务添加禁忌状态。首先，在删除禁忌中的操作已经足够防止在解未被接受的情况下的重复操作，其次，禁止一部分任务的插入会导致解收益的降低，因为本问题需要尽可能多的调度任务。

（3）即时禁忌：提出该禁忌模式的目的是为了防止新解与当前解相同，当插入一个任务时，如果生成的解与当前解相同，则该插入会被禁止。

三种禁忌模式在解的更新阶段使用。每个任务的删除禁忌属性与插入禁忌属性在每次循环中更新，对于 θ 值的确定，参考 Cordeau 等人[21] 的方案，设定 θ 为 $[0, \sqrt{n/2}]$ 中的随机数，其中 n 为任务数量。即时禁忌每次循环中仅使用一次，因此不包含 θ 值。

在 2.3 节的实验中，我们将比较三种禁忌模式以及两种 ALNS 算法和 TS 算法混合的方法。

2.2.3 随机化邻域算子

ALNS 算法使用多个邻域算子实现对解的更新（算法 2.1,5～6 行）。为了确保算法对一系列具有不同特性的问题算例具有较高的通用性，本章使用以下 10 个删除算子以及 7 个插入算子，同时提出一种简单但有效的随机化策略实现搜索的多样化。这些算子是由 Pisinger 等人[17] 和 Demir 等人[22] 介绍的算子改进而来，从而更适应本章的问题，随机化策略在本章首次提出。

这 10 个删除算子分别为：

（1）随机删除（random removal, RR）：随机选择 p_d 个任务删除。该算子的时间复杂度为 $O(n)$。

（2）最小收益删除（minium revenue removal, MRR）：p_d 个具有较低收益的任务被删除。该算子的时间复杂度为 $O(n\log n)$。

（3）最小单位收益删除（minium unit revenue removal, MURR）：p_d 个具有较低单位收益的任务被删除，单位收益定义为任务的收益除以任务的持续观测时间。该算子的时间复杂度为 $O(n\log n)$。

（4）最大转换时间删除（maximum setup time removal, MSTR）：p_d 个具有较长转换时间的任务被删除。该算子的时间复杂度为 $O(n\log n)$。

（5）最大机会删除（maximum opportunity removal, MOR）：p_d 个具有较多可见时间窗口的任务被删除，基本依据是这些任务可以相对容易地在其他可见时间窗口中安排观测。该算子的时间复杂度为 $O(n\log n)$。

（6）最大冲突删除（maximum conflict removal, MCR）：p_d 个具有较高冲突

度的任务被删除。与 Liu 等人[14]将冲突度定义为任务的可见时间窗口和当前解中的任务的观测时间窗口的冲突时间不同,本章将任务的冲突度定义为任务的可见时间窗口与其他任务的可见时间窗口的冲突时间,其计算公式为

$$\sum_{w \in \text{Over}(w_{ij})} \text{TimeSpan}(w_{ij},w)/l_{ij}$$

其中,函数 TimeSpan 用于计算两个任务的可见时间窗口相互重叠的时间跨度;Over(w_{ij})代表与时间窗口 w_{ij} 时间上存在重叠的时间窗口集合。与 Liu 等人[14]对冲突度的定义相比,该定义牺牲了一定的准确度,然而它无需在每次迭代中更新全部任务的冲突度,可以节约大量的计算时间。此算子的时间复杂度为 $O(n\log n)$。

(7) 最差路径删除(worst route removal,WRR):此删除算子通过计算长度为 p_d 的解序列的单位收益来评估该序列的质量(即 p_d 个任务的收益除以该时间段的长度),最差的序列被删除。该算子的时间复杂度为 $O(n)$。

(8) 最大等待删除(maximum waiting removal,MWR):p_d 个具有较高的等待时间的任务被删除,该算子通过减少等待时间来减少浪费的时间。令任务 t_i 为任务 t_j 的直接前驱,则任务 t_j 的等待时间可由 $v_i - u_j - \tau_{ij}$ 计算。该算子的时间复杂度为 $O(n\log n)$。

(9) 历史转换时间删除(historical setup time removal,HSR):此删除算子记录每个任务在全部搜索过程中的最短转换时间,p_d 个具有最大当前转换时间与最短转换时间之差的任务被删除。该算子的时间复杂度为 $O(n\log n)$。

(10) 历史单位收益删除(historical unit revenue removal,HURR):此删除算子类似于最小单位收益删除算子,但也有一些不同。主要区别在于,在计算单位收益时,该算子会考虑任务之前和之后的转换时间。令 t_i,t_j,t_k 为解中的一个子序列,则可使用 $g_j/(u_k - v_i)$ 计算序列中 t_j 的单位收益。该算子记录序列中每个任务的最佳单位收益,p_d 个具有最低历史单位收益的任务被删除。该算子的时间复杂度为 $O(n\log n)$。

被上述算子删除的任务和其他未安排的任务都存储在候选任务库中。7 个插入算子用于对候选任务库中的任务进行排序,并将它们从列表顶部逐个插入到当前解中,插入方法在 2.2.5 节中介绍。算子不断插入任务,直到无法插入任何任务或者修复的解的总收益加上候选任务库中任务的总收益(即此次迭代中能够获得的新解收益的上界)低于当前解收益时停止。

这 7 个插入算子分别为:

(1) 最大收益插入(maximum revenue insertion,MRI):候选任务库中的任务按照最高收益进行排序。该算子的时间复杂度为 $O(n\log n)$。

(2) 最大单位收益插入(maximum unit revenue insertion,MURI):候选任务库中的任务按照最高单位收益进行排序。该算子的时间复杂度为 $O(n\log n)$。

(3) 最小转换时间插入(minium setup time insertion,MSTI):由于本问题的

时间依赖特性,在将任务插入当前解之前,无法准确地计算出转换时间;因此,此算子用于计算任务的平均转换时间并用于对任务的排序。该算子的时间复杂度为 $O(n\log n)$。

(4) 最小机会插入(minium opportunity insertion,MOI):候选任务库中的任务按照最少可见时间窗口数量进行排序,优先考虑具有较少时间窗口的任务。该算子的时间复杂度为 $O(n\log n)$。

(5) 最小冲突插入(minium conflict insertion,MCI):候选任务库中的任务按照最小任务冲突度进行排序。该算子的时间复杂度为 $O(n\log n)$。

(6) 历史单位收益插入(historical unit revenue insertion,HURI):与历史单位收益删除相反,候选任务库中的任务按照最大历史单位收益进行排序。该算子的时间复杂度为 $O(n\log n)$。

(7) 最小距离插入(minium distance insertion,MDI):此算子尝试将距离当前解最近的任务插入。首先,计算每个候选任务到当前解的最短距离(即计算每个任务与当前解中任务的最短转换时间),然后根据最小的距离进行排序。该算子的时间复杂度为 $O(n\log n)$。

在通过 2.2.1 节中提到的轮盘赌轮选择删除与插入算子后,标准 ALNS 算法根据算子的启发式值对任务进行排序。例如,对于最小收益删除算子,收益被视为启发式值 h,任务按 h 的升序排列,并删除列表顶部的任务。为了使搜索多样化,本章在所选算子的启发式值中加入随机变量:$h \leftarrow h \times (1+r)$,其中 r 是 $[0,1]$ 上的随机数。

删除和插入某个任务时,如果该任务被禁止删除或插入,算子会跳过它并检查下一个任务。但是,该算法包含一个赦免机制:如果删除的任务数量小于 p_d,则可以撤销任务的删除禁忌状态;如果全部未被禁止插入的任务都尝试过,但当前解中仍然包含空余的可插入空间,则任务的插入禁忌可以被撤销。此赦免机制确保有足够的任务可以移除和插入。

2.2.4　部分序列支配

除了短期循环问题,ALNS 算法的另一个缺点就是它仅仅根据一个完整解的质量判定新解的接受。因此,在搜索过程中,一些解即使拥有较优的局部解(即部分解序列具有更高的收益以及更短的完成时间),也会由于整体解质量较差而被放弃,从而忽视了具有潜在价值的过程信息。由于敏捷卫星调度问题具有时间依赖性,因此一个解的质量与解中任务的部分序列密切相关。

受遗传算法的启发,本章提出一种部分序列支配(partial sequence dominance,PSD)策略:通过保留新解与当前解中的较优部分序列,生成一个合成解。部分序列的正式定义见定义 2.1。

定义 2.1　一个部分序列代表一系列连续任务,该系列以每个第一个未在本次删除操作中删除的连续任务序列作为开始。

图 2.3 展示了一个部分序列的例子。一个部分序列的质量由它的单位收益决定,即目标函数值除以整个序列的持续时间。如果一个合成解的质量高于当前解与新解,则新解由合成解代替。图 2.4 展示了一个使用 PSD 策略的例子。在标准的 ALNS 算法中,新解会被放弃;然而,根据本章定义,新解中部分序列 1 与部分序列 2 的质量高于当前解中的部分序列质量,因此,生成的合成解中包含来自新解的部分序列 1 和部分序列 2,以及来自当前解的部分序列 3,最终的合成解的质量优于新解与当前解。

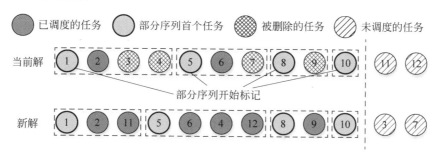

图 2.3 部分序列

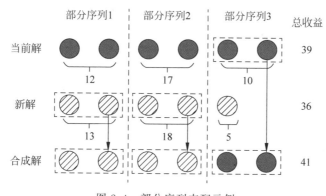

图 2.4 部分序列支配示例

使用当前解与新解构建合成解的详细过程由算法 2.2 所示。当生成一个新解后,首先根据定义 2.1 将新解分解为多个部分序列,然后将新解中的部分序列与当前解中相应的部分序列进行比较,最后具有较高单位收益的部分序列被保留在合成解中。

算法 2.2 生成合成解

输入:当前解 S_C,新解 S_N
输出:合成解 S_{com}
1: $S_C \leftarrow \varnothing$; //初始化合成解
2: 将 S_C 和 S_N 分解为部分序列集合 s_C 和 s_N;
3: **for** $i \leftarrow 1, i \leqslant \# s_C, i++$ **do**

4:　　　　U_C←计算 s_C 中第 i^{th} 个部分序列的单位收益；

5:　　　　U_N←计算 s_N 中第 i^{th} 个部分序列的单位收益；

6:　　　**if** $U_C > U_N$ **then**

7:　　　　　将 s_C 中第 i^{th} 个部分序列加入到 S_{com} 中；

8:　　　**else**

10:　　　　　将 s_N 中第 i^{th} 个部分序列加入到 S_{com} 中；

11:　　　**end if**

12: **end for**

13: 更新 S_{com} 中的任务，移除重复任务，同时将每个任务紧前排列；

14: **return** S_{com}

该 PSD 策略需要解决的一个问题是同一个任务可能会同时出现在新解与当前解中的不同部分序列中，从而在合成解中被观测两次。为了保持解的可行性，当生成一个合成解时，将会对合成解进行可行性检查，全部重复的任务会被移除，同时后续任务的开始时间会被更新，每个任务采取紧前安排策略，尽早开始观测。

2.2.5　快速插入策略

本算法的最后一项新特征是一种快速插入（fast insertion，FI）策略，该策略在解的修复过程中将任务插入到当前解时使用。FI 策略首先采用一种时间松弛策略判断任务插入在解中每个任务之前位置的可行性，然后选择最优的位置插入该任务。算法 2.3 中展示了详细的 FI 策略。

算法 2.3　快速插入策略

输入：破坏解（即移除任务后的解）S_D，待插入任务 t_c

输出：破坏解 S_D

1: **for** S_D 中的每个任务 t_i **do**

2:　　**if** $e_c > b_i$ **then**

3:　　　　δ_1←计算 t_c 在插入 t_i 之后的最早开始时间；

4:　　　　δ_{Temp}←计算 t_{i+1} 在 t_c 之后的临时最早开始时间；

5:　　　　δ_2←$\delta_{\text{Temp}} - u_{i+1}$；

6:　　　　**if** $\delta_1 > e_c \vee \delta_2 >$ time slack of t_{i+1} **then**

7:　　　　　**continue**

8:　　　　**else**

9:　　　　　**if** $\delta_1 \leqslant \bar{e}_c \wedge \delta_2 \leqslant$ due time slack of t_{i+1} **then**

10:　　　　　　τ_i^{inc}←$\tau_{ic} + \tau_{c(i+1)} - \tau_{i(i+1)}$；

11:　　　　　　将当前插入位置加入 PL_2；

12:　　　　　**else**

13:　　　　　　Fitness_i←计算将任务插入该位置的收益；

14:　　　　　　**if** $\text{Fitness}_i > f(S_D)$ **then**

15:　　　　　　　将当前插入位置加入 PL_1；

16:　　　　　　**end if**

17:　　　　　**end if**

18:　　**end if**

19:　　**end if**
20: **end for**
21: **if** $PL_2 \neq \emptyset$ **then**
22:　　BestPosition←选择具有最小 τ_i^{inc} 的位置；
25: **else**
26:　　**if** $PL_1 \neq \emptyset$ **then**
27:　　　　BestPosition←选择具有最大 Fitness$_i$ 的位置；
28:　　**end if**
29: **end if**
30: 将 t_c 插入到 S_D 中 BestPosition 的位置；
31: 更新开始时间和时间松弛；
32: **return** S_D

（1）时间松弛策略

在本算法中,每个任务都是在当前序列中尽早开始观测,因此,当插入一个任务时,一些当前序列中的任务可以向后推迟,从而节约一部分空间以插入新任务。为了能够确定每个任务最多能够推迟的时间,本节参考了 Verbeeck 等人[23]提出的时间松弛策略。时间松弛可以定义为当前解成为非可行解之前,一个任务能够被推迟的最大时间。每个任务的时间松弛依赖于其后继任务的最晚开始时间,因此时间松弛的计算采取一种后向传播的模式。令 t_i 为当前解中的第 i 个任务,t_{i+1} 为它的后继任务,$|S|$ 为当前解中的任务数量,则 t_i 的最晚开始时间可以根据下式计算:

$$u_i^{\text{Late}} = \begin{cases} \max\{\min\{u_{i+1}^{\text{Late}} - \tau_{i(i+1)} - d_i, e_i\}, b_i\}, & 1 \leqslant i < |S| \\ e_i, & i = |S| \end{cases} \quad (2.25)$$

当前解中最后一个任务的最晚开始时间仅由它的可见时间窗口决定。任务 t_i 的时间松弛可以计算为 $u_i^{\text{Late}} - u_i$。在插入一个任务时,需要根据插入的位置计算其后面任务需要推迟的时间,如果该时间小于该任务的时间松弛,则新任务可以被插入,否则新任务无法被插入到当前位置。

针对带有延迟惩罚的问题,本章进一步提出到期时间松弛。到期时间松弛是指在不增加任何任务延迟惩罚的情况下,任务可以被推迟的最大时间。类似地,为了计算任务的到期时间松弛,应该计算任务不接受任何惩罚的最晚开始时间。令 $b_i < \overline{e_i} < e_i$ 为任务 t_i 的可见时间窗口中的到期时间（due time）,如果任务在此之后开始,将受到一些延迟惩罚,任务不受到延迟惩罚的最晚开始时间为

$$u_i^{\text{DueLate}} = \begin{cases} \max\{\min\{u_{i+1}^{\text{DueLate}} - \tau_{i(i+1)} - d_i, \overline{e_i}\}, b_i\}, & 1 \leqslant i < |S| \\ \overline{e_i}, & i = |S| \end{cases} \quad (2.26)$$

任务 t_i 的到期时间松弛,因此可以计算为 $u_i^{\text{DueLate}} - u_i$。

（2）最优插入位置

对于每个待插入任务,可以通过比较当前任务的可见时间窗口与解序列中的

任务确定全部插入位置。对于每个插入位置,进行如下检测:假设正在检测位于任务 t_i 与任务 t_{i+1} 之间的插入位置,首先计算待插入任务 t_c 在任务 t_i 之后的最早开始时间(记为 δ_1)以及任务 t_{i+1} 需要向后推迟的时间(记为 δ_2),如果 δ_1 大于 t_c 的最晚开始时间或者 δ_2 大于 t_{i+1} 的时间松弛,则该插入位置被放弃;如果 δ_1 大于 t_c 的到期时间或者 δ_2 大于 t_{i+1} 的到期时间松弛,则该任务会导致部分任务受到延迟惩罚,此时计算插入该任务的收益值,将该插入位置加入序列 PL_1;否则,该插入位置为可行插入位置,计算将 t_c 插入该位置的姿态转换时间增量,即 $\tau_{ic} + \tau_{c(i+1)} - \tau_{i(i+1)}$,将该插入位置加入序列 PL_2。当遍历全部插入位置后,如果 PL_2 非空,则选择姿态转换时间增量最小的插入位置作为最优插入位置;否则,选择 PL_1 中收益最大的插入位置作为最优插入位置。

不考虑未来可能插入的任务时,根据这种方式选择插入位置是最优的插入位置。因为任务的收益以及观测时间是固定的,而全部的调度周期是有限的,该问题的目标是在有限的调度周期内完成尽可能多的观测任务从而最大化收益,因此最优的无前瞻插入位置就是将任务插入、获得该任务的收益、同时带来最小的姿态转化时间增量,从而为未来的任务留有更多的可调度空间的位置。

2.3   实验分析

本节通过一系列仿真实验检测提出的 ALNS/TPF 算法的有效性。实验环境为 Intel Core i5-3470 3.20GHz CPU,仅使用单核心,同时使用 Windows 7 系统与 8GB 内存。实验采用 3600s 作为单个算例的最大运行时间,采用 IBM ILOG CPLEX 12.8 求解本节提出的 MILP 模型。其他元启发式方法展示的结果是 10 次运行的平均值。

由于当前并没有公开的带有时间依赖的敏捷卫星调度问题的测试算例,本节参考 Liu 等人[14] 的配置生成算例,算例中的任务采用区域分布和全球分布。其中,区域分布在中国境内随机生成任务,全球分布则在整个世界随机生成任务。对于中国区域分布模式,共生成了 15 个算例,这些算例包含 50～400 个任务,增量步长为 25;对于全球分布模式,共生成了 12 个算例,这些算例包含 50～600 个任务,增量步长为 50。算例的其他参数为:$M = 2400, E = 2400, m^o = 1, p^o = 1, p^s = 2, p^a = 1, \alpha^M = 0.6, \alpha^E = 0.8, a_1 = 1.5, a_2 = 2, a_3 = 2.5, a_4 = 3, p_d = 0.1|S|$。其中,$|S|$ 为当前解中任务的数量,算法的最大迭代次数为 10000,但如果连续 1000 次迭代没有找到更好的解则算法终止。

2.3.1   算法比较

将提出的 ALNS/TPF 算法与该算法的一个早期版本 ALNS/TPI(adaptive large neighborhood search, partial sequence dominance and insertion)算法[24]、标

准 ALNS 算法[14]、迭代局部搜索(iterated local search,ILS)算法[25]和本章提出的改进的 MILP 模型进行比较,所得的结果如图 2.5 所示。比较内容为各算法的求解质量以及消耗的 CPU 时间,求解质量由目标函数值占全部任务总优先级的百分比表示(即目标收益率)。

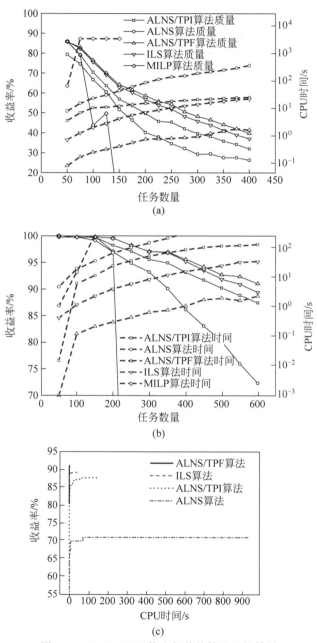

图 2.5 ALNS/TPF 算法与其他算法比较结果

(a) 区域分布;(b) 全球分布;(c) 任意时间下求解质量

从图 2.5(a)和图 2.5(b)(左轴黑色实线表示求解质量,右轴蓝色虚线表示 CPU 时间)中可以看出,ALNS/TPF 算法的 CPU 时间随着任务数量的增加而增长的速率十分缓慢;同时,其求解质量显著高于标准 ALNS 算法,也始终高于 ILS 算法和 ALNS/TPI 算法。

本章提出的 MILP 算法能够为较小的算例找到最优解,但在算例中任务数量变大时,该精确求解算法的性能很差。同时,对于该 MILP 算法找到最优解的 3 个小型算例,ALNS/TPF 算法也找到了相同的最优解。在所有方法中,标准 ALNS 算法的性能最差,耗费最长时间,而解的质量最低。

最后,图 2.5(c)显示了在 600 个任务全球分布的情况下,不同算法的在任意时间的求解质量。MILP 算法在此算例上没有在规定的求解时间内找到任何可行解,因此该图中不包含 MILP 算法。

接下来,研究 ALNS/TPF 算法与其他算法之间的性能差距如何随任务数量的增加而变化。通过下面的公式评估算法 A 和算法 ALNS/TPF 之间的性能差距:

$$\mathrm{Gap_A} = \frac{\mathrm{ALNS/TPF}\ 收益率 - A\ 算法收益率}{\mathrm{ALNS/TPF}\ 收益率} \tag{2.27}$$

所得的结果如图 2.6 所示。从图中可以发现,当有更多的任务并且任务分布较密集时(即当任务之间的冲突更高时),ALNS/TPF 算法和其他算法的性能之间的差距会越来越大,当问题的规模扩大时,标准 ALNS 算法的性能会迅速下降,而本章提出的 ALNS/TPF 算法在求解大型和较困难的算例时表现良好。

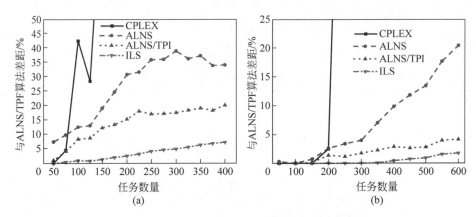

图 2.6　不同算法与 ALNS/TPF 算法的性能差距
(a) 区域分布；(b) 全球分布

最后,为了将本章提出的改进的 MILP 模型与 Liu 等人[14]的两阶段 MILP 模型进行比较,将模型中的姿态转换时间固定为 20s 并取消能量约束(称为 MILP(20s)算法)。

图 2.7 显示了不同方法在 3600s 内求解的算例数量。其中,两个元启发式算法(ALNS/TPF 和 ALNS)以及 MILP(20s)算法能够在时间限定内求解全部算例。改进的 MILP 算法只能求解 11 个规模较小的算例。不幸的是,Liu 等人[14]的两阶

段 MILP 模型由于内存溢出而无法求解全部算例,即使对于本章中最小的算例,它也无法枚举全部可见时间窗口的所有组合;根据 Liu 等人[14] 报告的结果,该模型最大只能求解包含 15 个任务的算例。

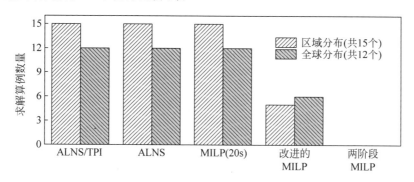

图 2.7　时间限制 3600s 内各算法求解算例个数

2.3.2　ALNS/TPF 算法在其他问题的表现

尽管本章提出 ALNS/TPF 算法的首要目的是解决单颗敏捷卫星调度问题,但该算法具有良好的通用性,同样可以适用于一系列其他带有时间依赖与次序依赖的调度问题。为了进一步验证算法的通用性以及其强大的搜索性能,本节选取了两个通用测试算例用于测试 ALNS/TPF 算法的性能:带有次序依赖的订单接受与调度(order acceptance and scheduling,OAS)问题以及带有时间依赖与时间窗口的定向问题(time-dependent orienteering problem with time windows,TDOPTW)。

本节的 OAS 问题由 Cesaret 等人[26] 给出。在此问题中,两个任务之间的转换时间为次序依赖。该问题同时包含延迟惩罚:如果一个任务在它的到期时间 $\overline{e}_i$ 之后开始,它会受到的延迟惩罚为 $\omega_i T_i$,其中 ω_i 为惩罚权重,T_i 为延迟时间,$T_i = \max\{u_i - \overline{e}_i, 0\}$。测试过程使用 Cesaret 等人[26] 发布的标准测试数据集,该数据集使用 3 个主要参数来生成算例:第一个参数是任务数量 $n = 10, 15, 20, 25, 50, 100$,本节只测试包含 25,50 和 100 个任务的规模较大的算例;第二个参数 τ 影响时间窗口的长度,当 τ 较大时,时间窗口较小;第三个参数 R 影响时间窗口结束时间的范围,当 R 较大时,时间窗口的重叠变小。τ 和 R 都有 5 个值:0.1,0.3,0.5,0.7,0.9,同时,每个相同参数组包含 10 个随机生成的算例,因此该测试算例集合共包含 750 个算例。

同时,将 ALNS/TPF 算法与当前求解 OAS 问题的最新算法进行了比较,包括分派策略遗传算法(dispatch-rule genetic algorithm,DRGA)[27]、学习优化系统(learning optimization system,LOS)[28]、人工蜂群(artificial bee colony,ABC)算法[29]、混合稳态遗传算法(hybrid steady-state genetic algorithm,HSSGA)[30]、局部搜索引导进化算法(evolutionary algorithm guided by local search,EA/G-

LS)[30] 和 ILS 算法[31]。由于 MILP 算法运用 CPLEX 求解器的实验已由 Cesaret 等人[26]测试,超过 15 个任务的大规模算例 MILP 算法的效果不佳,本节不再将 ALNS/TPF 算法与 MILP 算法进行比较。本实验中 ALNS/TPF 算法的运行环境 与 2.3.1 节中的相同,其他算法的结果来自相应的文献,这些文献中的结果是使用 包含 Intel Core i5,i7 和 Xeon CPU,3.00~3.40GHz,4~16GB 内存等不同机器获 得的,因此算法运行时间无法直接比较,故未报告详细的 CPU 时间。平均而言,所 有的方法在 CPU 时间方面的表现基本相似,而根据参考文献中报告的数据,ILS 算法消耗的时间最多而 ABC 算法消耗的时间最少。

包含 25~100 个任务的算例的结果如表 2.1~表 2.3 所示。使用这些算法的 收益与 Cesaret 等人[26]提供的上界的距离来衡量求解质量(其中由于 ILS 算法在 25 个及 50 个任务的部分算例上的解质量超过了上界,说明 ILS 算法的结果包含 部分错误,故未将其结果列入表 2.1 与表 2.2),并将最好的结果使用黑体突出显 示。ALNS/TPF,DRGA,LOS 和 ILS 算法在每个算例上运行 10 次并求平均数, 其他 3 种算法(ABC,HSSGA 和 EA/G-LS)仅在每个算例上运行一次,因此,这些 方法有时可以达到最优解,获得较低的上界距离。尽管 DRGA 算法和 LOS 算法 在原文中仅报告了向下舍入的整数值,但仍然可以看出,ALNS/TPF 算法几乎在 所有算例中都获得了最好的求解质量。

表 2.1   各算法结果距上界百分比(25 个任务)   %

τ	R	DRGA	LOS	ABC	HSSGA	EA/G-LS	ALNS/TPF
	0.10	3	2	2.7	2.08	2.16	**1.68**
	0.30	2	2	2.18	1.66	1.58	**1.31**
0.10	0.50	1	1	1.38	0.9	0.91	**0.64**
	0.70	1	**0**	0.63	0.39	0.39	**0.31**
	0.90	1	**0**	0.35	0.35	0.35	**0.3**
	0.10	3	3	3.11	2.48	2.44	**2.19**
	0.30	3	3	3.37	3.12	3.46	**2.69**
0.30	0.50	2	2	2.4	**1.52**	1.85	1.53
	0.70	2	1	1.97	1.61	1.9	**1.5**
	0.90	1	1	1.27	1.05	1.1	**0.91**
	0.10	4	4	4.88	4.17	4.11	**3.67**
	0.30	5	4	4.49	4.22	4.12	**3.87**
0.50	0.50	5	**4**	4.48	4.28	4.25	4.14
	0.70	**4**	**4**	4.2	**4.16**	4.19	4.17
	0.90	3	3	3.37	3.05	3.13	**2.95**
	0.10	8	**7**	7.72	7.43	7.53	7.35
	0.30	9	**8**	8.64	8.49	8.53	8.32
0.70	0.50	**10**	**10**	10.45	10.05	10.17	**10.02**
	0.70	7	**6**	6.9	6.56	**6.47**	6.71
	0.90	**8**	**8**	8.12	8.12	8.27	**8.07**

续表

τ	R	DRGA	LOS	ABC	HSSGA	EA/G-LS	ALNS/TPF
	0.10	1	1	0.59	**0.49**	**0.49**	**0.49**
	0.30	1	**0**	0.16	**0**	**0**	0.02
0.90	0.50	**2**	**2**	2.58	**2.49**	**2.49**	2.51
	0.70	7	**6**	6.81	6.67	6.67	**6.65**
	0.90	6	6	6.09	**5.99**	**5.99**	**5.99**
平均值		**3**	**3**	3.95	3.65	3.7	**3.51**

注：加黑数字表示最好的结果。

表 2.2 各算法结果距上界百分比（50 个任务） ％

τ	R	DRGA	LOS	ABC	HSSGA	EA/G-LS	ALNS/TPF
	0.10	2	2	1.89	1.18	1.08	**0.62**
	0.30	2	2	1.77	1.12	1.1	**0.8**
0.10	0.50	1	1	0.96	0.43	0.45	**0.31**
	0.70	2	2	1.9	1.73	1.66	**1.63**
	0.90	**0**	**0**	0	**0**	**0**	0
	0.10	3	2	2.59	1.8	1.93	**1.36**
	0.30	3	3	2.98	2.06	2.18	**1.59**
0.30	0.50	2	2	1.88	1.51	1.53	**1.25**
	0.70	1	1	0.75	0.39	0.35	**0.12**
	0.90	1	**0**	0.5	0.29	0.23	**0.16**
	0.10	4	3	3.07	2.2	2.23	**1.71**
	0.30	5	4	4.45	3.43	3.53	**3.04**
0.50	0.50	4	3	3.78	3.04	3.17	**2.79**
	0.70	3	2	2.28	2	2.03	**1.67**
	0.90	2	**1**	1.71	1.54	1.57	**1.24**
	0.10	5	4	4.57	4.17	4.18	**3.62**
	0.30	7	5	5.74	5.02	5.05	**4.52**
0.70	0.50	8	**6**	7.09	6.71	6.7	**6.16**
	0.70	8	7	7.56	7.18	7.09	**6.88**
	0.90	9	7	8.02	7.69	7.62	**7.51**
	0.10	12	11	11.33	10.97	11.15	**10.88**
	0.30	14	**13**	13.77	13.49	13.47	**13.34**
0.90	0.50	13	**12**	12.77	12.33	12.45	**12.25**
	0.70	13	**11**	11.53	11.48	11.39	**11.26**
	0.90	13	**12**	12.38	12.37	**12.3**	12.4
平均值		5	5	5.01	4.57	4.58	**4.28**

注：加黑数字表示最好的结果。

表 2.3   各算法结果距上界百分比（100 个任务）   %

τ	R	DRGA	LOS	ABC	HSSGA	EA/G-LS	ILS	ALNS/TPF
	0.10	1	2	1.75	0.77	0.94	0.95	**0.44**
	0.30	1	2	1.35	0.71	0.74	0.74	**0.49**
0.10	0.50	1	1	0.7	0.19	0.2	0.37	**0.07**
	0.70	1	**0**	0.09	**0**	**0**	0.04	**0**
	0.90	**0**	**0**	**0**	**0**	**0**	0.01	**0**
	0.10	3	2	2.11	1.18	1.25	1.4	**0.79**
	0.30	3	3	2.12	1.27	1.41	1.38	**1.05**
0.30	0.50	2	2	1.67	1.07	1.11	1.17	**0.95**
	0.70	1	1	0.63	0.35	0.24	0.44	**0.18**
	0.90	1	**0**	0.26	0.1	0.14	0.25	**0.02**
	0.10	5	4	3.37	2.09	2.31	2.26	**1.49**
	0.30	4	3	3.01	2.29	2.43	2.32	**1.94**
0.50	0.50	4	3	3.13	2.36	2.51	2.4	**2.07**
	0.70	3	2	1.82	1.49	1.32	1.61	**1.16**
	0.90	2	1	1.42	1.04	0.9	1.16	**0.67**
	0.10	6	4	3.99	2.84	2.98	3.13	**2.18**
	0.30	6	5	4.72	3.88	4.09	3.86	**3.31**
0.70	0.50	7	5	5.27	4.62	4.69	4.25	**3.94**
	0.70	8	5	5.37	5.16	5.39	6.17	**4.42**
	0.90	7	5	5.9	5.48	5.34	6.6	**4.58**
	0.10	9	6	6.62	6.27	6.45	7.02	**5.4**
	0.30	12	9	9.4	9.03	9.09	11.83	**8.47**
0.90	0.50	14	11	11.88	11.26	11.2	14.06	**10.69**
	0.70	14	11	11.19	11.23	11.07	12.75	**10.54**
	0.90	13	11	11.31	11.07	11.02	13.23	**10.57**
平均值		5	4	3.96	3.43	3.47	3.98	**3.01**

注：加黑数字表示最好的结果。

本节的 TDOPTW，由 Verbeeck 等人[23]给出。在此问题中，两个任务之间的转换时间取决于前一个任务的结束时间。全部调度范围被分成数个 15min 的时间段，并且对于每个时间段，给出在该时间段中的行进速度，因此，两个城市之间的行进时间（即转换时间）由一个分段线性函数给出，属于时间依赖问题。此标准测试数据集由 Verbeeck[23]等人生成，它包含的任务数量为 20,50 和 100，对于具有相同任务数量的每组算例，调度范围 t_{max} 包含 8h,10h,12h 和 14h，时间窗口的长度分别为小（small,S）、中（medium,M）、大（big,B），因此，该测试集共包含 36 个算例。

本节将 ALNS/TPF 算法与蚁群系统（ant colony system，ACS）算法[23]进行比较。由于 MILP 模型运用 CPLEX 求解器的表现已经由 Verbeeck 等人[23]测试，显示了其在超过 20 个任务的大规模算例上的性能不佳，故本节不将 ALNS/TPF

算法与 MILP 算法进行比较。本节的 ALNS/TPF 算法运行环境与 2.3.1 节的相同，ACS 算法的结果来自 Verbeeck 等人[23] 的报告。由于 ACS 算法运行在高性能计算系统(包含 48 个 Intel Xeon 处理器和 384GB 内存)上，因此无法直接比较这两种算法的运行时间，故未报告详细的 CPU 时间。

　　通过解的总收益(即目标函数的值)来评估该问题的求解质量。表 2.4 中显示了包含 25～100 个任务的算例的总收益，最佳结果使用黑体突出显示。从表中可以看出，ALNS/TPF 算法在全部的算例中都找到了更好的解。此外，当算例的规模增大时(即更多的任务和更长的调度范围)，ALNS/TPF 算法的求解效果比 ACS 算法更好。

表 2.4　TDOPTW 计算结果

算例	任务数	范围	时间窗 (S/M/L)	ACS			ALNS/TPF		
				Min	Avg	Max	Min	Avg	Max
20.1.1	20	8	S	**159**	**159**	**159**	**159**	**159**	**159**
20.1.2	20	8	M	**173**	**173**	**173**	**173**	**173**	**173**
20.1.3	20	8	L	**183**	**183**	**183**	**183**	**183**	**183**
20.2.1	20	10	S	**188**	**188**	**188**	**188**	**188**	**188**
20.2.2	20	10	M	**201**	**201**	**201**	**201**	**201**	**201**
20.2.3	20	10	L	**195**	**195**	**195**	**195**	**195**	**195**
20.3.1	20	12	S	**277**	**277**	**277**	**277**	**277**	**277**
20.3.2	20	12	M	**245**	**245**	**245**	**245**	**245**	**245**
20.3.3	20	12	L	**259**	**259**	**259**	**259**	**259**	**259**
20.4.1	20	14	S	**274**	**274**	**274**	**274**	**274**	**274**
20.4.2	20	14	M	**275**	**275**	**275**	**275**	**275**	**275**
20.4.3	20	14	L	**268**	**268**	**268**	**268**	**268**	**268**
50.1.1	50	8	S	**288**	**288**	**288**	**288**	**288**	**288**
50.1.2	50	8	M	**274**	**274**	**274**	**274**	**274**	**274**
50.1.3	50	8	L	**289**	**289**	**289**	**289**	**289**	**289**
50.2.1	50	10	S	**298**	**298**	**298**	**298**	**298**	**298**
50.2.2	50	10	M	**310**	**310**	**310**	**310**	**310**	**310**
50.2.3	50	10	L	**340**	**340**	**340**	**340**	**340**	**340**
50.3.1	50	12	S	339	339	339	**346**	**346**	**346**
50.3.2	50	12	M	**404**	**404**	**404**	**404**	**404**	**404**
50.3.3	50	12	L	**366**	**366**	**366**	**366**	**366**	**366**
50.4.1	50	14	S	471	476.6	**478**	**478**	**478**	**478**
50.4.2	50	14	M	435	439.8	**441**	**441**	**441**	**441**
50.4.3	50	14	L	**450**	**450**	**450**	**450**	**450**	**450**
100.1.1	100	8	S	**275**	**275**	**275**	**275**	**275**	**275**
100.1.2	100	8	M	**278**	**278**	**278**	**278**	**278**	**278**
100.1.3	100	8	L	**343**	**343**	**343**	**343**	**343**	**343**
100.2.1	100	10	S	**351**	351.2	352	**351**	351.2	352

续表

算例	任务数	范围	时间窗 (S/M/L)	ACS			ALNS/TPF		
				Min	Avg	Max	Min	Avg	Max
100.2.2	100	10	M	366	366.6	**367**	**367**	**367**	367
100.2.3	100	10	L	**370**	**370**	**370**	370	370	370
100.3.1	100	12	S	435	436	**437**	**437**	**437**	437
100.3.2	100	12	M	444	446.6	**454**	449	453.5	454
100.3.3	100	12	L	466	467	468	**470**	**470**	470
100.4.1	100	14	S	478	480	**484**	482	483.8	484
100.4.2	100	14	M	491	494.6	**497**	495	496.8	497
100.4.3	100	14	L	519	526.8	538	**538**	**539.6**	540
平均值				327.1	327.9	328.8	**328.7**	**329**	**329.1**

注：加黑数字表示最佳结果。

2.3.3　算法特征分析

上述实验已经验证了提出的 ALNS/TPF 算法相对于其他现有算法具有一定的优越性。ALNS/TPF 算法的良好表现主要来自其 4 个新的算法特性。为了了解这些新的算法特性，从而能在求解不同问题时更高效地使用这些特性，本节首先分析本章中求解的 3 个问题的不同属性，然后针对 ALNS/TPF 算法中的每个新算法特性与这些属性的关联展开研究。

2.3.3.1　测试问题特征分析

尽管 2.3.1 节的敏捷对地观测卫星调度(agile earth observation satellite scheduling, AEOSS)问题和 2.3.2 节中涉及的问题(OAS 问题和 TDOPTW)本质上都属于订单接受与调度问题，但由于不同的应用领域，其特性差异较大，主要体现在以下几个方面(表 2.5 中列举了具体属性值，其中任务 t_i 是任务 t_j 的直接前驱，u_i 和 v_i 分别为任务 t_i 的开始时间和结束时间)：

(1) 时间窗口数：在 AEOSS 问题中，每个任务都有多个可见时间窗口，而在其他两个问题中，每个任务只有一个可见时间窗口。

(2) 可见时间窗口的长度：可见时间窗口的长度由时间窗的平均长度除以整个调度范围作为衡量。显然，AEOSS 问题的时间窗口非常短，TDOPTW 的时间窗口长度中等，而 OAS 问题的时间窗口长度的变化更大。

(3) 算例拥挤度：该值是通过将每个任务的处理时间和平均转换时间相加，然后除以整个调度范围得出的，目的是计算算例的拥挤程度。在这三个问题中，TDOPTW 最为拥挤，AEOSS 问题的拥挤程度最小。

(4) 最早开始时间：OAS 问题的开始时间非常特殊，任务之间的转换时间只能在后一任务的时间窗口开始之后。

（5）延迟惩罚：在 OAS 问题中，如果任务在规定的到期时间之后开始，将获得一定的惩罚。

（6）转换时间依赖性：OAS 问题的转换时间为序列依赖，而其他两个为时间依赖，其中 TDOPTW 依赖于前一任务的结束时间，而 AEOSS 问题依赖于前后两个任务的开始时间。

（7）转换时间长度：由转换时间的平均值除以任务的处理时间的值作为衡量标准。在这三个问题中，TDOPTW 的转换时间最长，而 OAS 问题的转换时间最短。

（8）三角不等关系：OAS 问题的转换时间是随机生成的，这意味着它不遵循三角不等关系，从 t_i 到 t_j 的整个持续时间可能比序列 t_i, t_k, t_j 的持续时间更长。因此，在 OAS 问题中，删除某个任务，可能会导致当前解变成不可行解。

（9）任务冲突度：使用最大冲突删除算子中的公式来计算任务冲突度。TDOPTW 的冲突度最高，AEOSS 问题的冲突度最小。

（10）任务关联性：由于 OAS 问题的转换时间是随机生成的，因此如果在当前解中两个任务不相邻，则几乎没有关联性；但是，对于 AEOSS 问题和 TDOPTW，转换时间是根据任务的实际空间位置计算的，如果任务之间的距离较近，它们会相互影响。因此，可以预测，利用这种属性的邻域操作算子（例如最差的路线删除和最小距离插入）在这两个问题上会有较好的表现。

表 2.5　三个问题领域的比较

差　异　点	OAS	AEOSS	TDOPTW
时间窗数量	单个	多个	单个
时间窗长度	0.09~0.87	0.0007~0.0009	0.22~0.38
算例拥挤度	0.93~1.66	0.03~0.43	2.42~22.09
最早开始时间	$\max\{b_j, v_i\} + \tau_{ij}$	$\max\{b_j, v_i + \tau_{ij}\}$	$\max\{b_j, v_i + \tau_{ij}\}$
延迟惩罚	是	否	否
转换时间依赖性	i 和 j	u_i 和 u_j	u_i ′
转换时间长度	0.43~0.84	1.36~1.47	4.26~5.49
三角不等关系	否	是	是
任务冲突度	3.82~96.83	0.4~24.84	8.72~75.61
任务关联性	弱	强	强

2.3.3.2　禁忌搜索

本节旨在回答以下问题：三种禁忌类型在具有不同属性的问题上表现如何；TS 算法是否有助于避免 ALNS 算法陷入短期循环；TS 算法是否可以在三个问题都提高 ALNS 算法的性能；本章提出的紧密混合是否比 Žulj 等人[20]提出的两阶段混合更好？这些研究有助于了解禁忌搜索的性能，以便可以有效地使用它们。

（1）三种禁忌类型的表现分析

在 2.2.2 节中，提出了三种禁忌类型：插入禁忌、删除禁忌和即时禁忌。插入禁忌在过度订阅的问题中更为常见[21,32-35]；删除禁忌仅在文献[34]中出现过一次，但是，该方法采用的策略是先插入任务，然后再删除任务，以更新不可行的解，因此，此删除禁忌用于中间解（即不可行解），而本章的删除禁忌用于修复解（即可行解）；即时禁忌则属于首次提出。

本节研究了三种禁忌类型在具有不同属性的问题上的表现，并将每个禁忌类型的解和标准 ALNS 算法进行了比较，以计算由禁忌带来的效果提升。通过前期实验发现，删除禁忌和插入禁忌的性能与任务的可调度比例（即完成率）有关，而即时禁忌的性能与解中的任务数量相关。

由于 OAS 问题和 AEOSS 问题的完成率很高，而 TDOPTW 的完成率很低，为了提高完成率，除了上述介绍的三个问题数据集之外，本节还生成了一个新的 AEOSS 数据集，该数据集为区域分布，任务数为 50～1000，增长步长为 25，对每个相同的任务数量，随机生成了 6 个算例。

由图 2.8 可知，当完成率较低时，删除禁忌和插入禁忌效果更好。由于所有 OAS 算例的完成率都相对较高，这两个禁忌类型对解质量没有明显的改进。删除禁忌对解质量的提升和完成率之间的 Pearson 相关系数为 -0.60，插入禁忌对解质量的提升和完成率之间的 Pearson 相关系数为 -0.63，显示这两个禁忌类型的性能与完成率之间呈负相关。然而，当完成率过低时，删除禁忌和插入禁忌的性能开始下降，这是因为本章的禁忌长度 θ 是根据任务数量计算的，如果完成率过低，则禁止删除或插入的任务相对于解序列中的任务数量来说过多，这种情况可以通过减小 θ 的值来改善。

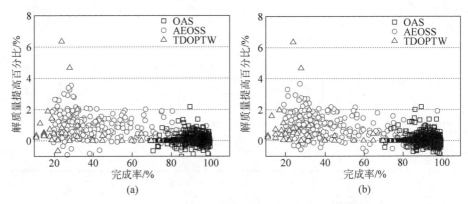

图 2.8   两种禁忌对于求解质量的提高比例随完成率的变化

（a）删除禁忌；（b）插入禁忌

尽管删除禁忌和插入禁忌的性能较为相似，但是它们之间仍然存在显著的统计学差异：配对 t 检验中的 P 值为 4.25×10^{-3}。由表 2.6 可以发现，插入禁忌的性能随着完成率的提升而降低的速度比删除禁忌更快,这带来的结果是,当完成率较低时插入禁忌比删除禁忌表现得更好,而当完成率较高时删除禁忌比插入禁忌表现得更好。

表2.6 删除禁忌和插入禁忌的差异比较

问　　题	完成率/%	禁忌操作对解质量的提升/%	
		删除禁忌	插入禁忌
AEOSS	>50	0.69	0.47
AEOSS	<50	1.05	1.07
OAS	>50	0.06	0.03
TDOPTW	<50	0.77	0.71

接下来研究即时禁忌。由图2.9可知,当解序列中的任务较少时,即时禁忌的效果很好,因此,它在 TDOPTW 上的表现比在其他两个问题上更好。这是因为当解序列中的任务较少时,新修复的解与当前解相同的可能性更高,而即时禁忌可以防止这种情况发生。

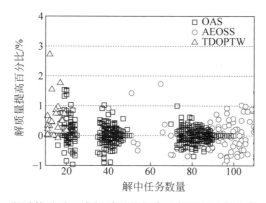

图2.9 即时禁忌对于求解质量的提高比例随解中任务数量的变化

综上所述,可以得出结论:对于完成率较低的问题,最好使用插入禁忌和删除禁忌,但是,由于这两种禁忌类型也有助于在完成率较高时提高算法的性能,因此同样建议将它们应用于完成率较高的问题(例如 OAS 问题)。当解序列中任务较少时,即时禁忌效果更好;对于解序列中任务较多的问题,例如 AEOSS 问题和 OAS 问题,即时禁忌对性能的提高十分有限。此外,随着解序列中任务数量的增加,即时禁忌用于比较两个解是否相同的时间也会增加,在这种情况下,不建议使用即时禁忌。因此在以下的实验中,删除禁忌和插入禁忌在3个问题中均使用,但即时禁忌仅在 TDOPTW 中使用。

(2)算法重复搜索的概率

对于启发式方法,在多次迭代中,应尽量避免算法重复访问某些解,从而在有限的迭代次数中访问解空间中更多的解。本节将研究提出的禁忌搜索策略对算法重复搜索的概率的影响,从而测试禁忌搜索策略是否有助于减轻 ALNS 算法的短期循环问题。对比在 3 个问题包含和不包含 TS 的两种情况下,算法重访最近 50次迭代之内已经访问过的解的次数占全部迭代次数的比例,所得的结果如图 2.10所示。对于 OAS 问题,每个点显示 50 个算例的平均值,这些算例具有相同的任务数和相同的 τ;对于 TDOPTW,每个点显示 4 个具有相同任务数量和相同时间窗口大小的算例的平均值。

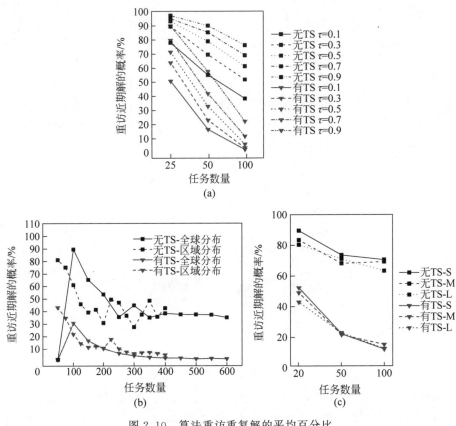

图 2.10　算法重访重复解的平均百分比
(a) OAS 问题；(b) AEOSS 问题；(c) TDOPTW

　　由图 2.10 可以明显看出,TS 策略降低了 ALNS 算法短期循环的概率,对于AEOSS 问题,由于全球分布 50 个任务的算例过于简单,ALNS/TPF 算法可以在初始解中就调度全部任务,因此会直接终止,在这种情况下,短期循环的百分比为0。同时还可以观察到,随着问题规模的扩大,有无 TS 的重访比率之间的差距趋于增大,而当问题规模变大时,完成率会降低。这与前面得出的结论,即插入禁忌和删除禁忌在任务完成率较低时表现更好,是相一致的。

（3）TS 策略对解质量的提升

下面通过以下实验测试 TS 策略的性能,并将不带有 TS 策略的算法（ALNS/PF 算法）与完整的 ALNS/TPF 算法进行比较。对于这 3 个问题,根据任务数量将算例分为 3 组（即小、中、大）。图 2.11 显示,如果没有 TS 策略,在所有三个问题上的解质量都会变差。对于这三个问题,当算例大小增加时,TS 策略将对解质量的提高有更大贡献,这与前面对于 TS 策略特点的分析中得出的结论一致。TS 策略在 TDOPTW 上对解质量的提高不是很明显,因为即使不使用 TS 策略,本章提出的其他技术对于 TDOPTW 已经非常有效,特别是对于小型算例。对于 OAS 问题和 AEOSS 问题,TS 策略能够减少 CPU 时间。对于 TDOPTW,TS 策略会增加 CPU 时间,因为在即时禁忌中,将新解与当前解进行比较相对耗时。

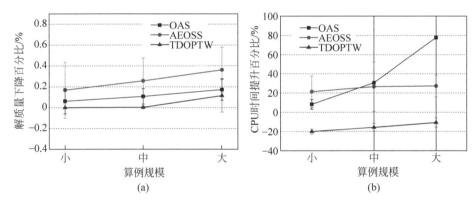

图 2.11 ALNS/PF 相对于完整 ALNS/TPF 的算法性能

(a) 解质量的下降;(b) 计算时间的提升

（4）与两阶段 ALNS-TS 混合方法的比较

下面比较本章提出的 ALNS 与 TS 紧密混合方法与 Žulj 等人[20]提出的两阶段 ALNS-TS 混合方法。设对于完整的 ALNS/TPF,最大迭代为 N,在 ALNS-TS 算法中,TS 在每 $0.1N$ 次 ALNS 迭代后运行 $0.015N$ 次 TS 迭代,在每次 TS 迭代中,本章提出的删除和插入算子会迭代 10 次,并采用最好的一次作为此次迭代的解,整个过程共执行 4 次,因此总共也是 N 次迭代。同时,将最近访问的解插入长度为 $\sqrt{n/2}$ 的禁忌列表。值得指出的是,ALNS-TS 算法可能会比 ALNS/TPF 算法的迭代次数更多,因为 ALNS-TS 算法在遇到被禁忌的解时,会重新寻找一个解,此时不计入总迭代次数。

从图 2.12 可以明显看出,两阶段策略产生的解要差得多。对于 OAS 问题,当算例规模变大时,两个方法的差距会增大。通过将 ALNS-TS 算法与 ALNS/PF 算法进行比较,还可以观察到两阶段策略的效果甚至比独立的 ALNS 算法差,当

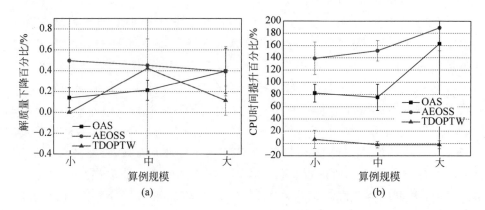

图 2.12   ALNS-TS 相对于完整 ALNS/TPF 的算法性能

（a）解质量的下降；（b）计算时间的提升

ALNS 算法和 TS 算法共享总数一定的迭代次数时，独立的 ALNS 算法的性能好于它们的两阶段混合。这表明，对于 OAS 问题，ALNS 算法具有比 TS 算法更高的搜索效率；对于 TDOPTW，ALNS-TS 算法使用的 CPU 时间相对较少，这是因为 TDOPTW 的解相对较短，在比较不同的解时，TS 迭代不会花费很多时间。

2.3.3.3　随机化邻域算子

本节将在提出的算法中，使用 10 个删除算子和 7 个插入算子进行解的更新。

（1）不同算子表现对比

首先，比较这些算子在三个问题域上的性能。图 2.13 显示了不同算子的调用百分比。由图可以看出，ALNS 算法的自适应机制保证表现更好的算子会被更频繁的选中，因此表现较好的算子拥有更高的调用百分比。

在删除算子中，最小收益删除（MRR）在三个问题上表现最佳，最大冲突删除（MCR）在三个问题上表现最差。在插入算子中，最大收益插入（MRI）、最大单位收益插入（MURI）和历史单位收益插入（HURI）表现最佳。由图还可以观察到，与位置相关的算子（最差路径删除、最短距离插入）在 OAS 问题的表现较差，因为 OAS 问题中任务的转换时间是随机生成的，任务和位置的关联性很小。与转换时间相关的算子（最大转换时间删除、历史转换时间删除、最大转换时间插入）在 TDOPTW 上表现良好，这是因为与处理时间相比，TDOPTW 的转换时间非常长，转换时间是有用的启发式信息。机会型算子（最大机会删除、最小机会插入）在 AEOSS 问题上的表现要优于其他两个问题，这是因为 AEOSS 问题中的任务具有多个时间窗口。

从以上结果可以看出，该算法会根据不同问题的不同性质选择不同的算子。

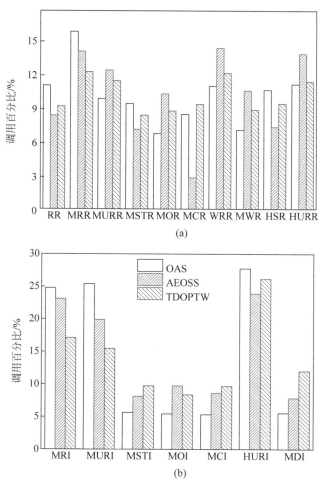

图 2.13 不同邻域算子在三个问题上的表现

(a) 删除算子；(b) 插入算子

但是，ALNS 算法的动态选择策略仍然可以进一步提高。例如，尽管机会算子(最大机会删除、最小机会插入)在 AEOSS 问题上表现最佳，但在其他两个问题上，它们也被大量调用。但这些算子在其他两个问题上的表现应该很差，因为每个任务仅包含一个可见时间窗口。如果可以避免或减少这样的选择，则可以进一步提高 ALNS 的搜索效率，在未来的工作中，可以研究一种更好的在线学习策略，从而更智能地选择邻域操作算子。

(2) 随机化策略的表现

接下来，测试本章新提出的邻域算子中随机化策略的表现情况，并将不带有随机化策略的邻域算子的算法(ALNS/TPF no random，ALNS/TPFnR)与完整的 ALNS/TPF 算法进行比较，结果如图 2.14 所示。从图中可知，随机策略在大多数算例上有助于提高 ALNS 算法的性能；对于规模较大的算例，随机策略的贡献更大，当有更多任务时，随机策略可以帮助访问解空间中更多的解。

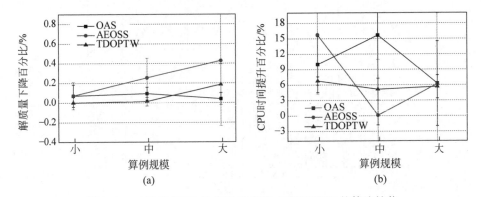

图 2.14　ALNS/TPFnR 相对于完整 ALNS/TPF 的算法性能
(a) 解质量的下降；(b) 计算时间的提升

2.3.3.4　部分序列支配(PSD)策略

本节通过比较不带 PSD 策略的算法(ALNS/TF 算法)与 ALNS/TPF 算法来测试 PSD 策略的性能。由图 2.15 可知，PSD 策略在 AEOSS 问题上对解质量的提升较为明显，而在 OAS 问题和 TDOPTW 上并没有显著提高算法的性能。造成这种现象有两个原因：一个原因是，对于 OAS 问题和 TDOPTW，解序列相对较短，而 PSD 策略主要的目的是解决解序列较长时忽略优秀部分序列的问题；另一个原因是，OAS 问题和 TDOPTW 的时间窗口相对较长，如果时间窗口较长，当前解和新解中的不同部分序列可能包含相同的任务，从而降低了复合解的质量。这可以在图 2.16 中进一步被验证，其中对于 OAS 问题，当 τ 较大时(即时间窗口较短时)，PSD 策略的效果更好。

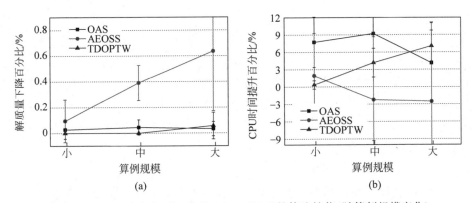

图 2.15　ALNS/TF 相对于完整 ALNS/TPF 的算法性能(随算例规模变化)
(a) 解质量的下降；(b) 计算时间的提升

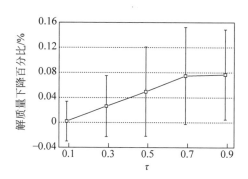

图 2.16　ALNS/TF 相对于完整 ALNS/TPF 的算法性能(随 τ 变化)

2.3.3.5　快速插入(FI)策略

快速插入策略包含两个思想：时间松弛策略和最优位置选择策略。下面依次分析这两个方法的表现。

(1) 时间松弛策略

首先，为了测试时间松弛策略的性能，将其与 Liu 等人[14] 提出的前向/后向松弛策略进行比较。两种策略都具有相同的时间复杂度 $O(n)$，但是本章提出的策略通过考虑推迟解中所有后续任务来创造更多的可插入空间，而 Liu 等人[14] 提出的方法只能通过移动最多两个任务来创造有限的空间。

在图 2.17 中，具有前向/后向松弛策略的 ALNS/TPF 表示为 ALNS/TPFwBF (ALNS/TPF with backward and forward time slack)，显而易见，本章提出的时间松弛策略花费的时间更少，解质量更高。在所有策略中，时间松弛策略对性能的提升贡献最大。对于这三个问题，当任务数量更多时，时间松弛策略的表现更好，因为当有更多任务时，与仅移动两个任务的方法相比，推迟多个任务的优势变得更加明显。此外，由图 2.18 可知，对于 OAS 问题，当 τ 较小而 R 较大时，时间松弛策略效果更好，这是因为当 τ 较小及 R 较大时，时间窗口会更长，时间松弛策略可以更多地利用长时间窗口。类似地，由图 2.19 可知，对于 TDOPTW，时间松弛策略对较长的调度范围和较大的时间窗长度变化的算例的提升更大。

(2) 最优位置选择

接下来将不包含最优位置选择的算法(ALNS/TPF no position selection，ALNS/TPFnPS)与 ALNS/TPF 算法进行比较，结果如图 2.20 所示。该策略在 OAS 问题上的效果比在其他两个问题上的更好，这是因为对于 AEOSS 问题，任务的时间窗口相对较短，对于 TDOPTW，解序列中的任务数量很少，因此，对于这两个问题，在插入候选任务时，与 OAS 问题相比，插入任务的可能位置数量有限，最优位置的选择不会在这两个问题上极大地提高算法的性能。这也可以通过图 2.21 来验证：对于 OAS 问题，当 τ 较小而 R 较大时，最优位置选择策略效果更好，当时间窗口较长时，可能的插入位置数量也会变大，在这种情况下，比较插入位置的策略

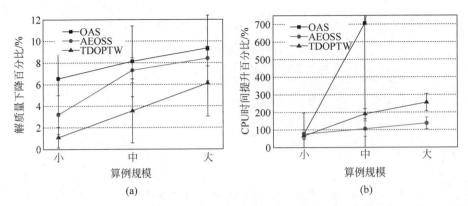

图 2.17   ALNS/TPFwBF 相对于完整 ALNS/TPF 的算法性能（随算例规模变化）

（a）解质量的下降；（b）计算时间的提升

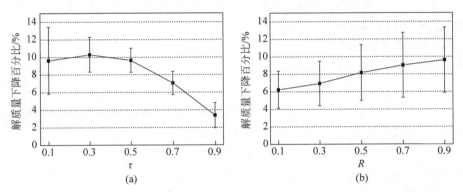

图 2.18   ALNS/TPFwBF 相对于完整 ALNS/TPF 的算法性能（随 τ 和 R 变化）

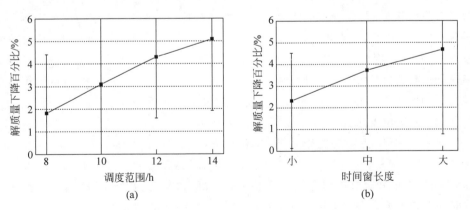

图 2.19   ALNS/TPFwBF 相对于完整 ALNS/TPF 的算法性能
（随调度范围和可见时间窗口长度变化）

效果很好。当 R 较大时，当前解中的任务具有相似的时间窗口，要插入的候选任务可以与解序列中的更多任务相邻，从而导致存在大量的可插入位置。

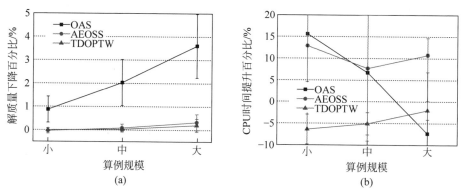

图 2.20　ALNS/TPFnPS 相对于完整 ALNS/TPF 的算法性能(随算例规模变化)

(a) 解质量的下降；(b) 计算时间的提升

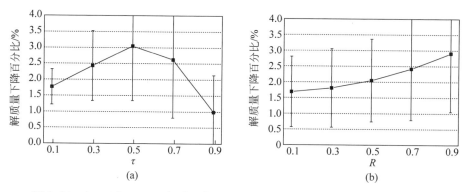

图 2.21　ALNS/TPFnPS 相对于完整 ALNS/TPF 的算法性能(随 τ 和 R 变化)

(a) 解质量的下降；(b) 计算时间的提升

综上所述,从本节的算法分析中,可以得出以下有用的结论:①当完成率较低时,插入禁忌和删除禁忌的表现更好,而任务数量较少时,即时禁忌的表现更好;②本章提出的 ALNS 和 TS 紧密混合方法比文献中的两阶段混合方法效果更好;③本章提出的算法可以根据不同问题的性质自适应地选择多个邻域算子,随机策略可以提高解质量,同时减少运行时间;④当算例的规模增加时,PSD 策略的表现更好,这表明当解序列变长时,它有助于组合不同解序列的各个部分,从而提升解质量;⑤最优位置选择对解质量有很大贡献,但也要花费更多时间;⑥时间松弛策略在解质量和时间复杂度方面的表现很好。

2.4　本章小结

本章针对带有时间依赖特征的多轨道单颗敏捷对地观测卫星调度问题进行了介绍,首次提出包含时间依赖姿态转换时间与能量约束的混合整数线性规划

（MILP）模型，以及一种混合自适应大邻域搜索（ALNS）算法和禁忌搜索（TS）算法的新型启发式方法，该方法中同时包含一种随机通用邻域算子、一种部分序列支配的启发式方法，以及一种快速插入策略。在敏捷卫星领域的大量的实验结果表明，与当前最先进的元启发式方法相比，本章提出的 ALNS/TPF 算法能够在更短的时间内生成更高质量的解。为了进一步验证提出的算法的通用性与搜索能力，本章同时选择两个不同问题领域的标准测试算例对算法的性能进行测试。结果表明，ALNS/TPF 算法的表现同样超过了当前最先进的方法。

本章的工作表明，ALNS 和 TS 紧密混合方法是求解这类调度问题的一种有效方法。该算法容易推广到其他类似的调度问题，例如多机调度问题和车辆路径问题，因为 ALNS/TPF 中的新技术对于这些包含排序和选择属性的问题同样可行。

本章的特征分析发现了算法特征和问题属性之间的相关性，这些通用结论有助于促进这一类问题的算法发展。

第3章

带有时间依赖的多颗敏捷
卫星协同调度问题

带有时间依赖的多颗敏捷卫星协同调度问题与单颗敏捷卫星调度问题相比，由于解空间成指数级增长而更加复杂。本章将针对单个卫星调度问题开发的带有禁忌的自适应大邻域搜索算法（ALNS/TPF算法）扩展到多个卫星协同调度的情况，通过定义5个分配算子，将自适应任务分配机制引入到ALNS框架中。在基于自适应任务分配的ALNS（adaptive task assigning based ALNS，A-ALNS）算法中，删除算子从当前解中删除任务，插入算子在当前解中插入任务，如果当前解在多次迭代中未得到改进，则分配算子将任务重新分配给不同的卫星。算法能够自适应地选择这些算子以指导算法有效地搜索解空间。同时，在仿真实验中研究了参数对算法性能的影响，并对不同算例进行了比较，大量的计算结果表明，所提出的自适应任务分配协同机制比当前最新的多卫星协同机制更有效，A-ALNS算法能够有效地处理多颗卫星协同调度给问题带来的复杂性，同时能够以良好的鲁棒性完成更多任务。

3.1 问题描述与建模

带有时间依赖的多颗敏捷卫星协同调度问题可以定义为从数个卫星的多个连续轨道中选择多个观测任务，并在不违反约束的情况下确定任务的观测序列和观测时间。为了突出本章的重点，不再考虑第2章中介绍的能量与存储约束。

3.1.1 任务分配对于多星协同的必要性

实际上针对该问题，可以使用2.2节中提出的针对单颗敏捷卫星的调度方法ALNS/TPF来解决，即将不同卫星的所有可见时间窗口集中处理，将该问题视为单星多轨道调度问题。然而，采用单颗敏捷卫星调度方法求解该问题的效率将非常低,因为与单颗敏捷卫星调度问题相比,该多敏捷卫星协同调度问题的解空间提升巨大。下面将给出了理论分析,并在 3.3.2.1 节中进行实验对比。

对于单颗敏捷卫星调度情况,令 l_{ij} 为任务 t_i 的第 j 个可见时间窗口长度,令 d_i 为任务 t_i 所需的观测持续时间,假设一颗卫星上的一个任务有 $|W|$ 个可见时间窗口,为了简单起见,在本节假设所有任务都具有相同的所需观测持续时间 d_i,并且具有 $|W|$ 个长度为 l_{ij} 的可见时间窗口。假设调度步长为 1s,则一个任务的搜索空间大小为 $\sum_{j=1}^{|W|}(l_{ij}-d_i)$。 如果在一个算例中有 $|T|$ 个任务,则可行解的数量为 $\prod_{i=1}^{|T|}\sum_{j=1}^{|W|}(l_{ij}-d_i)$。 但是,如果有 $|S|$ 颗卫星,则任务 t_i 的可见时间窗口数量将为 $|W|\cdot|S|$,可行解的数量为

$$\prod_{i=1}^{|T|}\sum_{j=1}^{|W||S|}(l_{ij}-d_i)=|S|^{|T|}\prod_{i=1}^{|T|}\sum_{j=1}^{|W|}(l_{ij}-d_i)$$

对于一个普通算例,$|T|$ 的值可能非常大,通常为几百,随着卫星数量的增加,多颗敏捷卫星协同调度问题的解空间随着 $|T|$ 成指数增长。如果将此问题视为单卫星多轨道调度问题,每个任务将有过多可以选择的可见时间窗口;但如果采用一种两阶段的方式,首先使用一种高效的基于启发式规则的分配过程来指导任务选择最合适的卫星,再在单星层面求解调度问题,即可将该复杂问题分解为几个单颗卫星子问题。尽管这种两阶段的调度方法可能会牺牲一定的最优性(因为难以尝试所有可能的分配方案),但包含以下两个优点:第一,能够引导算法更有效地搜索较优解;第二,如果将任务分配给不同的卫星,可以并行求解不同卫星的调度子问题,从而加速整个优化过程,这在实际工程项目中也是十分必要的。如果能提出一种合理的多星分配方法,可以将此分解过程对寻优范围的影响降到最低。

下面介绍多颗敏捷卫星协同调度问题的数学模型。

3.1.2　变量及参数定义

$T=\{t_1,\cdots,t_{|T|}\}$,由用户提交的全部任务集合,对于 t_i,定义了以下属性:

- d_i 是任务 t_i 所需的观测持续时间。观测过程应持续 d_i 以确保成像的完整性。
- g_i 是任务 t_i 的优先级,$g_i\in[1,10]$;g_i 越高,t_i 越重要。本问题的目标函数为最大化所有任务的优先级总和。

$S=\{s_1,\cdots,s_{|S|}\}$,全部卫星集合,对于 s_j,定义了以下属性:

- O_j 是卫星 s_j 的全部轨道集合。
- o_{jm} 是卫星 s_j 的第 m 个轨道,$o_{jm}\in O_j$。
- a_1,a_2,a_3,a_4 表示不同转换角度下的姿态转换角速度。

$W_{ij}=\{w_{ij1},\cdots,w_{ij|W_{ij}|}\}$ 是卫星 s_j 上任务 t_i 的可见时间窗口集合,w_{ijk} 是卫

星 s_j 上任务 t_i 的第 k 个可见时间窗口,对于 w_{ijk},定义了以下属性:

- b_{ijk},e_{ijk} 是 w_{ijk} 的开始和结束时间(即任务 t_i 在该窗口中的最早与最晚可开始观测时间),l_{ijk} 为 w_{ijk} 的长度。与 2.1.1 节中介绍的相同,该可见时间窗口已经经过最小成像质量约束的裁剪,因此之后的模型中不再考虑成像质量约束。

该问题的决策变量为:

(1) x_{ijk} 为一个二元决策变量,$x_{ijk}=1$ 表示 w_{ijk} 可见时间窗口被选择用于观测任务 t_i,否则 $x_{ijk}=0$。

(2) u_i 表示任务 t_i 的开始观测时间。

解决此问题需要为每个选定的任务确定 u_i,另外定义 v_i 为任务 t_i 的结束观测时间,$v_i=u_i+d_i$。

3.1.3 数学模型

接下来介绍该问题的数学模型,此问题的目标函数是最大化全部调度任务的总收益,即

$$\max \sum_{i=1}^{|T|}\sum_{j=1}^{|S|}\sum_{k=1}^{|W_{ij}|} g_i x_{ijk} \tag{3.1}$$

s. t.

$$\sum_{j=1}^{|S|}\sum_{k=1}^{|W_{ij}|} x_{ijk} \leqslant 1, \quad t_i \in T \tag{3.2}$$

$$b_{ijk} \leqslant u_i \leqslant e_{ijk}, \quad 若 \quad x_{ijk}=1 \tag{3.3}$$

$$v_i + \tau_{ii'} \leqslant u_{i'}, \quad 若 \quad p_{ii'}=1 \tag{3.4}$$

$$x_{ijk} \in \{0,1\}, \quad t_i \in T, w_{ijk} \in W_{ij}, s_j \in S \tag{3.5}$$

$$p_{ii'} \in \{0,1\}, \quad t_i, t_{i'} \in T \tag{3.6}$$

$$\tau_{ii'} \geqslant 0, \quad t_i \in T \tag{3.7}$$

其中,约束(3.2)是唯一性约束,表示每个任务最多只能被观测一次。约束(3.3)是可见时间窗口约束,表示每个任务只能在其中一个可见时间窗口内进行观测。约束(3.4)是姿态转换约束,表示任何两个相邻观测之间的时间间隔必须足以使卫星转换其观测角度。$\tau_{ii'}$ 表示任务 t_i 与任务 $t_{i'}$ 之间的姿态转换时间;$p_{ii'}$ 为一个二元变量,$p_{ii'}=1$ 代表任务 t_i 与任务 $t_{i'}$ 为两个相邻任务,否则 $p_{ii'}=0$;$\tau_{ii'}$ 的计算式与式(2.11)相同。约束(3.5)～约束(3.7)表示各变量的值域。

通过求解上述模型,可以确定每项任务的开始时间并获得可行解,优化目标是找到一个可行的解决方案,最大化观测任务的总优先级。

2.1.2 节提出了一个能够用于解决敏捷卫星调度问题的混合整数线性规划模型,并在实验中采用 CPLEX 对其进行求解。由于该模型在大规模算例上的计算

时间过长,同时考虑到单颗敏捷卫星调度问题可以视作多颗敏捷卫星协同调度问题的一种特殊且更为简单的情况,本章未给出该问题的线性模型,该模型的目的是使用一个精简的数学模型精确地定义该问题,而该模型能够简单地使用 2.1.2 节中的方法进行线性化。

3.2　基于自适应任务分配的大邻域搜索算法

本章在 ALNS/TPF 算法的基础上,引入一种任务的自适应分配机制,使其能够求解多星协同调度问题。由于在第 2 章已经对标准 ALNS 的算法框架进行介绍,在此不再赘述。下面介绍本章提出的自适应任务分配的大邻域搜索(A-ALNS)算法的整体框架。

3.2.1　A-ALNS 算法框架

A-ALNS 算法的结构如图 3.1 所示。如上所述,为了解决多颗敏捷卫星协同调度问题,进行任务分配的过程是必要的,可以通过添加自适应任务分配协同层来扩展用于单颗敏捷卫星调度的 ALNS 算法。该方法采用自适应任务分配协同层将任务分配给不同的卫星,以便将多星协同调度问题分解为若干单星调度子问题;

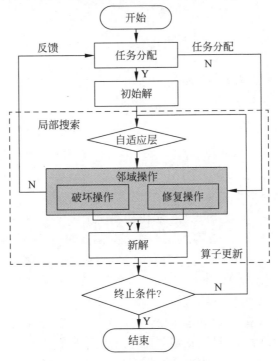

图 3.1　A-ALNS 算法框架

然后使用单星的 ALNS/TPF 算法并行地解决单卫星子问题,在这些子问题的局部搜索过程期间,如果在给定次数的迭代中总收益没有改善,则再次调用自适应任务分配协同层,将任务分配给不同的卫星,而各个单星调度子问题的收益也将提供反馈,从而影响任务分配协同层中不同分配算子的权重。

该 A-ALNS 调度算法的流程如算法 3.1 所示。在算法 3.1 中,带有上标 s 的符号表示单颗卫星的相关元素,下标用于指定解的类型。对于单颗卫星,令 S_0^s 为初始解,S_C^s 为当前解,S_B^s 为当前最佳,S_D^s 为经过破坏邻域操作的破坏解,S_N^s 为(已修复的)新解,Q^s 是候选任务库。在这里,解的收益即为目标函数值。此外,S_B,S_0,Q 分别代表整个问题的当前最佳解、初始解和候选任务库,$f(S)$ 代表解 S 的收益值。

算法 3.1　A-ALNS 算法

输入:$T,S,W_{ij},i\in\{1,\ldots,|T|\},j\in\{1,\ldots,|S|\}$//任务集合,卫星集合,以及每颗卫星的可见时间窗口集合
输出:S_B 最佳解
1: 初始化算法参数,$\eta\leftarrow$true;
2: 使用贪婪搜索生成初始解 S_0;
3: **for** 初始解 S_0 中每颗卫星的初始解 S_0^s:
4:　　令 $S_C^s\leftarrow S_0^s,S_B^s\leftarrow S_0^s$;
5: **end for**
6: **while** ¬(终止条件):
7:　　**for** 每颗卫星:
8:　　　　选择一个删除算子,从 S_C^s 中移除 p_d 个任务,得到 S_D^s;
9:　　　　将被删除和未调度的任务存入该卫星的候选任务库 Q^s;
10:　　**end for**
11:　　**if** η = true **then**
12:　　　　$\eta\leftarrow$false,将全部卫星中候选任务库 Q^s 的任务混合到任务库 Q 中;
13:　　　　选择一个分配算子,将任务库 Q 中的任务重新分配到 Q^s 中,初始化禁忌值;
14:　　　　**if** 分配次数为 ρ 次的整数倍 **then**
15:　　　　　　更新分配算子权重,初始化分配算子分数;
16:　　　　**end if**
17:　　**end if**
18:　　**for** 每颗卫星的破坏解 S_D^s:
19:　　　　选择一个插入算子;根据算子对 Q^s 中任务进行排序;
20:　　　　将 Q^s 中任务插入 S_D^s 中,直到无法插入新任务,得到 S_N^s;
21:　　　　**if** $f(S_N^s)>f(S_C^s)$ **then**
22:　　　　　　$S_C^s\leftarrow S_N^s,S_B^s\leftarrow S_N^s$;
23:　　　　**else**
24:　　　　　　使用模拟退火标准(SA)决定是否接受 S_N^s;
25:　　　　**end if**
26:　　　　更新全部选择算子的分数;
27:　　　　**if** 当前迭代次数为 φ 次的整数倍 **then**

28:            更新全部算子的权重,初始化分数;
29:        end if
30:    end for
31:    if 总收益未提升的连续次数超过 μ 次 then
32:        $\eta \leftarrow$ true;
33:    end if
34: end while
35: 使用全部 S_B^s 组合为 S_B;
36: Return S_B

A-ALNS 算法的流程可以描述如下:

第 1 行初始化算法的所有参数。在这些参数中,定义了分配指示符 η 以显示是否需要混合和重新分配来自不同卫星的任务,初始化为 false,如果总解收益超过 μ 次迭代没有提高,η 将被设置为 true 并且将触发任务分配过程。

第 2~5 行生成初始解。在多星分配层,初始解的生成在 3.2.3 节中介绍;在单星调度层,初始解的生成与 2.1 节中介绍的方法相同,即将全部任务按照可见时间窗口的开始时间进行排序,然后按照此顺序将任务插入到初始解。若某个任务由于与解中某个任务冲突而无法插入,则放弃该任务。在初始解中,每颗卫星上的观测序列被视为该卫星的单星子调度问题的解,对于每个子问题的解,通过破坏和修复操作,从当前解转移到附近的新解。

第 7~10 行描述了局部搜索过程中单星子问题解的破坏过程,破坏过程使用的删除算子与 2.2.3 节中介绍的删除算子相同。算子的选择基于算子的权重,采用轮盘赌的方式。选定的删除算子将从当前解中删除 p_d 个任务,从而生成一个破坏解,被删除和未调度的任务存储在卫星的候选任务库 Q^s 中。

第 11~17 行描述了任务分配协同层。任务分配协同层只有在满足条件时才会被触发,触发条件为当总收益连续 μ 次迭代没有获得改进时。与在单星解上运行的破坏和修复过程不同,任务分配协同层在所有卫星的候选任务库上运行,任务分配协同层由 3.2.2 节中定义的 5 个分配算子组成。分配完成后,初始化任务的禁忌值。

第 18~19 行描述了对单星解的局部搜索的修复过程。修复操作与 2.2.3 节中介绍的方法相同。

第 21~25 行描述了解的更新过程。如果新解优于当前解,则将接受新解;否则,将使用模拟退火(SA)标准来决定是否接受新解。当前解和当前最优解收益将进行更新。

第 14~16 行描述了分配算子的权重更新,第 26~29 行描述了删除和插入算子权重的更新过程,算子的权重都是根据算子在前一阶段累积的分数进行更新。只要算子被选择,就会更新分数,分数的增量基于新解的收益。每 φ 次迭代更新删除和插入算子的权重,每 ρ 次分配任务后更新分配算子的权重。每当更新权重时,算子的分数会进行初始化。3.2.2.2 节提供了分配算子更新方法的详细信息。

第31~33行检查对于最优解的搜索是否进入停滞期。如果最优解连续 μ 次迭代没有获得改进时,则分配指示符 η 将设置为 true。在下一次迭代中,算法将运行第11~17行,开始新的任务分配过程。

3.2.2　自适应任务分配协同层设计

3.2.2.1　分配算子设计

自适应任务分配协同层由 5 个启发式分配算子组成,这些算子定义每个任务如何分配给不同卫星。

(1) 随机分配(random assignment,RA):这是最简单的分配算子。根据该算子,任务被随机分配给不同的卫星。

(2) 冲突分配(conflict assignment,CA):对于每个可见时间窗口,如果某个时间窗口与其他任务的时间窗口之间存在较长的重叠时间,则该窗口在确定观测任务的开始时间时更可能会遇到冲突,因此,任务被分配给冲突程度最低的卫星。由于第 2 章解决的是单星调度问题,每个任务仅包含一个冲突度,而在本章中,定义一个任务的其中一个可见时间窗口 w_{ijk} 的冲突度 d_{ijk}^c 为

$$d_{ijk}^c = \frac{\sum\limits_{w \in \mathrm{Over}(w_{ijk})} \mathrm{TimeSpan}(w_{ijk},w)}{l_{ijk}} \tag{3.8}$$

其中,$\mathrm{Over}(w_{ijk})$ 是与 w_{ijk} 时间上存在重叠的可见时间窗口集合;TimeSpan 函数用于计算重叠时间的长度。

任务 t_i 在卫星 s_j 上的冲突度为

$$d_{ij}^c = \frac{\sum\limits_{k=1}^{|W_{ij}|} d_{ijk}^c}{|W_{ij}|} \tag{3.9}$$

(3) 机会分配(opportunity assignment,OA):具有更多可见时间窗口表明任务被成功调度的可能性越大。将任务分配给具有最高机会度的卫星,机会度可通过任务在一颗卫星上的全部可见时间窗口的总和计算,即

$$d_{ij}^o = \sum_{k=1}^{|W_{ij}|} l_{ijk} \tag{3.10}$$

(4) 卫星位置分配(satellite position assignment,SPA):如果一个任务位于卫星的星下点或其附近,则卫星不需要进行长时间的姿态机动即可观测该任务,将有更多机会插入新任务。由图 3.2 可知,当任务在卫星的星下线上时,可见时间窗口的相应侧摆角为 $0°$。该卫星位置分配算子选择将任务分配到具有最小侧摆角的卫星上。

(5) 经验分配(empirical assignment,EA):该算子根据历史经验为任务选择卫星。对于分配给每个卫星的每个任务,此算子保留最近几次迭代的解的收益值

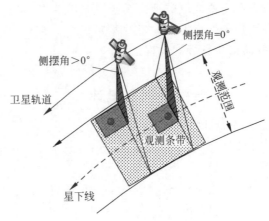

图 3.2   敏捷卫星的侧摆角

（即目标函数值）。令 d^e 为经验度，$R = \{r_1, \cdots, r_{|R|}\}$ 为任务 t_i 分配给卫星 s_j 时的收益，将经验定义为多次迭代的平均收益，计算方法为

$$d^e_{ij} = \frac{\sum\limits_{i=1}^{|R|} r_i}{|R|} \tag{3.11}$$

在初期的迭代中，由于不包含历史经验，经验度被初始化为一个很大的值，从而鼓励任务尝试新的卫星。

定义上述分配算子的目的是确保将任务分配给合适的卫星，然而，这些贪婪的规则可能会导致一些任务被过于集中的分配到了某些卫星上。因此，定义一个由 β 表示的平衡因子。对于卫星 s_j，其平衡因子 β_j 定义为

$$\beta_j = \begin{cases} \sqrt[10]{1 - \dfrac{n_j}{n_{\max}}}, & n_j \leqslant n_{\max} \\ 0, & n_j > n_{\max} \end{cases} \tag{3.12}$$

其中，$n_j = \sum\limits_{i=1}^{|T|} \sum\limits_{k=1}^{|W_{ij}|} x_{ijk}$ 是分配给卫星 s_j 的任务数；$n_{\max}$ 是允许分配给一颗卫星的最大任务数，定义 $n_{\max} = \max\{|T|/|S|, M\}$，$M$ 是一颗敏捷卫星在一段时间内可以观测到的最大任务数。需要指出的是，M 不是一个硬约束，它显示的是一颗卫星能力的估计阈值。例如，在第 2 章的针对单星问题的实验中，可以发现，对于全球分布，一颗敏捷卫星每天大约可以调度 700 个任务，对于区域分布，则可以在 1 天内大约可以调度 200 个任务，超过这个阈值之后，随着任务集合中任务数量的增加，由于整个卫星可以用于观测的时段都已经填满任务，最终可以调度的任务不会显著增加。因此，在本章的实验中，分别对这两种不同分布将 M 取值为 700 和 200。图 3.3 显示了平衡因子 β_j 的值如何随任务数 n_j 而变化，平衡因子用于控制所有卫星上的任务数量，避免出现一颗卫星过于繁忙而其他卫星几乎空闲的情况，

β_j 的定义确保了当一颗卫星上的任务数量较少时,分配过程受 β_j 的影响较小,但如果分配到一颗卫星上的任务数量接近最大数量 $n_{\max}$,β_j 的影响力会变大,接下来分配任务到该卫星的概率会降低。

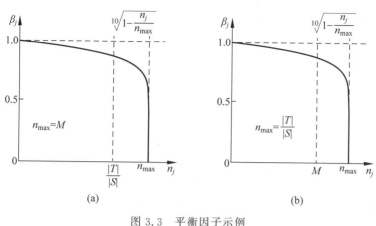

图 3.3　平衡因子示例

(a) 当卫星平均任务数 $\dfrac{|T|}{|S|}<M$ 时;(b) 当卫星平均任务数 $\dfrac{|T|}{|S|}>M$ 时

现在分析该分配过程的复杂度。设有 $|S|$ 颗卫星,$|T|$ 个任务,每颗卫星上的每个任务都有 $|W|$ 个可见时间窗口。对于分配算子 2,计算 d_{ijk}^c 的复杂度是 $O(|S||T|^2|W|^2)$,计算 d_{ij}^c 的复杂度是 $O(|S||T||W|)$;对于分配算子 3,计算 d_{ij}^o 的复杂度为 $O(|S||T||W|)$。但是,由于这三个值在调度过程中不会改变,因此只需要一次计算,并且可以在预处理阶段执行。在调度过程中,分配算子 1 的复杂度为 $O(|T|)$,分配算子 2～4 的复杂度为 $O(|T||S|)$,对于分配算子 5,需要根据先前迭代中的奖励来计算经验度,令 $|R|$ 为算子记录的收益集合中收益值的个数,则分配算子 5 的复杂度为 $O(|R||T||S|)$。

3.2.2.2　自适应分配策略

类似标准 ALNS 算法,在这里为每个分配算子赋予分数和权重。分数取决于每个算子进行任务分配的历史表现,与一次分配之后生成的新解的收益有关,同时,该分数将影响算子的权重,及该分配算子能够在未来被选择的概率。下面介绍自适应分数和权重更新方法,以及分配算子的选择方法。

对于分配算子,每 ρ 次分配定义为一个阶段。在每次分配时更新分数,而每个阶段结束时根据该阶段累积的分数更新算子权重,同时分数重置为初始值。

令 π_i^a 为第 i 个分配算子的分数,ω_i^a 为第 i 个分配算子的权重,被选择的分配算子分数根据以下规则更新:

(1) $\pi_i^a \leftarrow \pi_i^a + \sigma_1$:如果在此次分配中找到了一个新的全局最优解;

(2) $\pi_i^a \leftarrow \pi_i^a + \sigma_2$:如果新解优于当前解,但差于当前最优解;

（3）$\pi_i^a \leftarrow \pi_i^a + \sigma_3$：如果新解差于当前解，但该解被接受；

（4）$\pi_i^a \leftarrow \pi_i^a + \sigma_4$：如果新解被放弃。

在每个阶段结束，更新权重：

$$\omega_i^a = (1-\lambda)\omega_i^a + \lambda \frac{\pi_i^a}{\sum_{i=1}^{5} \pi_i^a} \tag{3.13}$$

其中，$\lambda \in [0,1]$代表算子权重更新时历史权重所占的比例。

类似标准 ALNS 算法，采用轮盘赌机制进行算子选择，一个算子被选择的概率为

$$p_i = \frac{\omega_i^a}{\sum_{j=1}^{5} \omega_j^a} \tag{3.14}$$

3.2.3　初始解生成

为了快速构建初始解，A-ALNS 算法采用一个简单的贪婪搜索算法。首先，在自适应任务分配协同层中，使用每个分配算子产生一种分配方案。对于分配算子 5，由于所有卫星的初始经验度相等，因此相当于任务被随机分配给各颗卫星。在任务被分配至卫星后，生成了多个单星调度子问题，每颗卫星的任务采用 2.2.1 节中介绍的贪婪调度策略生成单星问题的初始解。对于每个分配算子，获得一个可行的临时初始解。计算这些临时初始解的收益，并选择收益最高的解作为初始解 S_0。由于贪婪搜索算法的简单性，初始化过程非常快。最后，根据这些临时初始解的收益率，初始化相应分配算子的权重。

3.3　实验分析

本节设计并生成了多个算例以评估所提算法的有效性。该算法使用 C# 语言编写，算法运行环境为 Intel Core i5-4460T 1.90GHz CPU（使用单核心），Windows 7 系统与 8GB 内存。

3.3.1　算例设计与生成

对于该问题，由于没有公开的测试数据，本节仍然使用 Liu 等人[14]描述的方法来构建测试算例：任务的生成仍然采用区域分布和全球分布，对于区域分布模式，共设计了 50 个算例，其中任务数量从 100 变为 1000，增量步长为 100，分别包含 2～6 颗卫星，对于全球分布模式，共包含 50 个算例，任务数量从 200～2000 不等，增量步长为 200，分别包含 2～6 颗卫星。

测试卫星的能力与 Liu 等人[14]使用的卫星相同，但是每颗卫星具有不同的轨

道参数,从而形成一个多星星座。测试算例的调度时间范围从 2017/04/20 00:00:00—2017/04/20 24:00:00,在此时间段内,每颗卫星约包含 15～16 条轨道。卫星的 6 个轨道参数分别是半长轴(a)、偏心率(e)、倾角(i)、近地点角(ω)、升交点赤经(right ascension of the ascending node,RAAN)和真近点角(m),本章使用的所有 6 颗卫星的初始轨道参数见表 3.1。

表 3.1 卫星轨道参数

卫星	a	e	i	ω	RAAN	m
卫星 1	7200000	0.000627	96.576	0	175.72	0.075
卫星 2	7200000	0.000627	96.576	0	145.72	30.075
卫星 3	7200000	0.000627	96.576	0	115.72	60.075
卫星 4	7200000	0.000627	96.576	0	85.72	90.075
卫星 5	7200000	0.000627	96.576	0	55.72	120.075
卫星 6	7200000	0.000627	96.576	0	25.72	150.075

图 3.4 为 6 颗卫星轨道的二维和三维图示,它们的 6 个轨道参数中,除了RAAN 和 m 外其他参数均相同,因此它们可以相对均匀地覆盖地球表面。

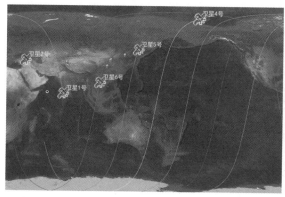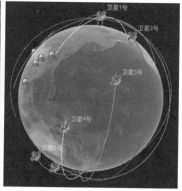

图 3.4 6 颗卫星轨道图示

对于每个算例,分别测试 3 个不同的 μ 值,μ 值代表不同的任务重分配频率。首先是频繁分配,$\mu=5$,即如果解连续 5 次迭代没有改进,则卫星上的任务将被混合并再次分配;其次为稀疏分配,$\mu=50$;最后为自适应分配,在首次迭代中,设置 $\mu=5$,并在之后的迭代中逐渐增加 μ 的值到 50,直到最后一次迭代,采用这种方式设置 μ 的理由是,算法在搜索过程开始时更容易地找到更优的解。对于每个算例,测试了 3 个不同的权重更新参数:$\lambda=0.1,0.5,0.9$。

A-ALNS 的其他参数值固定如下:

- 删除任务的百分比:10%;
- 算子分数增量:$\sigma_1=30,\sigma_2=20,\sigma_3=10,\sigma_4=1$;

- 阶段迭代次数：$\varphi=50,\rho=5$；
- 最大迭代次数：10000；
- 退火系数：$c=0.9975$；
- 每颗卫星在调度时段内预估最大观测任务数：区域分布 $M=200$，全球分布 $M=700$。

3.3.2　实验结果

本节共包含两组实验结果。首先，在 3.3.2.1 节中，将所提出的自适应任务分配协同机制与现有多星协同机制进行比较；然后，在 3.3.2.2 节中，测试所提出的 A-ALNS 算法的性能，包括分析其在不同算例下的性能，以及研究不同参数对算法性能的影响。

3.3.2.1　多星任务协同机制比较

在解决多星协同调度问题时，现有文献中普遍采用了两类方法：在第一类方法中，没有任务分配过程，即将来自不同卫星的多个可见时间窗口统一处理，该问题被视为一个单星多轨道调度问题，并通过单星调度方法解决，采用此处理方法的文献包括文献[36-42]；而更常见的协同方法是通过任务分配分解该问题，本章提出的 A-ALNS 算法也属于这种类型，现有分配方法包含随机分配任务[43-44]，将任务分配给最早的可见时间窗口[45-47]，以及冲突最小的卫星[48-51]。

为了比较这些多星协同方法，在本节将各个方法与单星 ALNS/TPF 调度算法进行结合，这些方法分别为：不进行任务分配的单星多轨道 ALNS(single-satellite based ALNS, S-ALNS)、随机任务分配 ALNS(random task assignment based ALNS, R-ALNS)、最早时间窗口任务分配 ALNS(early-first task assignment based ALNS, E-ALNS)，以及最小冲突任务分配 ALNS(conflict-free task assignment based ALNS, C-ALNS)。

表 3.2～表 3.5 分别比较了区域分布和全球分布的各种协同机制。由于版面有限，对于每种分布方式，算例分为 2 组：任务较少(区域分布少于 500，全球分布少于 1000)和任务较多(区域分布多于 600，全球分布多于 1200)的组。每组计算平均 CPU 时间和任务收益率，任务收益率即全部成功调度任务占全部任务的总收益的百分比，最佳结果以黑体突出显示。

表 3.2　区域分布 CPU 时间　　　　　　　　s

卫星	任务	A-ALNS	S-ALNS	R-ALNS	E-ALNS	C-ALNS
2	100～500	12.16	15.96	10.47	**9.92**	11.06
2	600～1000	57.88	109.50	46.94	**36.46**	48.43
3	100～500	**9.99**	17.80	10.24	14.07	10.02

续表

卫星	任务	A-ALNS	S-ALNS	R-ALNS	E-ALNS	C-ALNS
3	600～1000	45.03	167.72	**42.62**	72.82	44.01
4	100～500	**7.64**	13.89	8.93	13.46	9.36
4	600～1000	36.71	188.05	**36.29**	67.20	39.72
5	100～500	**7.54**	14.99	9.09	12.89	9.47
5	600～1000	**35.75**	159.24	35.87	62.76	37.93
6	100～500	7.26	**7.02**	8.40	12.60	8.22
6	600～1000	**30.07**	156.18	30.79	60.89	31.06
平均值		25.00	85.03	**23.96**	36.31	24.93

注：加黑数字表示最佳结果。

表 3.3　全球分布 CPU 时间 　　　　　　　　　　　　　　　s

卫星	任务	A-ALNS	S-ALNS	R-ALNS	E-ALNS	C-ALNS
2	200～1000	20.53	31.99	21.24	**20.47**	21.29
2	1200～2000	**108.28**	163.30	118.36	108.94	121.24
3	200～1000	**18.21**	47.27	18.92	18.44	19.11
3	1200～2000	**84.12**	255.47	92.55	89.02	89.38
4	200～1000	14.32	56.32	16.68	17.97	**13.75**
4	1200～2000	72.60	380.14	77.99	85.21	**70.05**
5	200～1000	14.14	69.58	17.10	19.29	**13.93**
5	1200～2000	**69.82**	495.34	76.48	84.40	72.60
6	200～1000	2.05	**0.01**	15.35	18.68	13.89
6	1200～2000	61.77	**0.15**	71.27	80.83	69.67
平均值		**46.58**	149.96	52.59	54.33	50.49

注：加黑数字表示最佳结果。

表 3.4　区域分布收益率 　　　　　　　　　　　　　　　%

卫星	任务	A-ALNS	S-ALNS	R-ALNS	E-ALNS	C-ALNS
2	100～500	82.49	**83.39**	74.36	63.98	76.24
2	600～1000	57.54	**59.68**	52.83	42.23	53.46
3	100～500	93.85	**95.38**	86.59	87.55	88.69
3	600～1000	78.37	**82.25**	70.31	59.04	71.49
4	100～500	98.20	**99.89**	91.90	88.13	91.32
4	600～1000	86.24	**92.67**	76.22	60.02	75.20
5	100～500	98.62	**99.87**	92.71	89.03	91.77
5	600～1000	88.27	**93.90**	76.88	63.38	76.66
6	100～500	98.88	**100.00**	92.08	87.84	91.76
6	600～1000	89.18	**96.91**	76.85	62.02	76.57
平均值		87.16	**90.39**	79.07	70.32	79.32

注：加黑数字表示最佳结果。

表 3.5　全球分布收益率　　　　　　　　　　　　　　　　%

卫星	任务	A-ALNS	S-ALNS	R-ALNS	E-ALNS	C-ALNS
2	200～1000	95.79	**95.99**	95.23	95.31	95.51
2	1200～2000	86.88	**87.80**	84.57	84.87	84.70
3	200～1000	98.44	**98.53**	97.72	96.77	98.06
3	1200～2000	94.65	**95.28**	91.76	89.81	92.35
4	200～1000	99.94	**99.95**	87.16	98.90	79.46
4	1200～2000	99.64	**99.90**	97.25	96.38	96.60
5	200～1000	99.95	**99.95**	99.22	98.91	79.46
5	1200～2000	99.68	**99.90**	97.32	96.41	96.78
6	200～1000	**100.00**	100.00	87.56	98.67	79.59
6	1200～2000	99.91	**100.00**	98.20	94.88	97.24
平均值		97.49	**97.73**	93.60	95.09	89.98

注：加黑数字表示最佳结果。

首先比较各方法的 CPU 时间。对于区域分布,可以看出 A-ALNS 算法、R-ALNS 算法和 C-ALNS 算法彼此接近,但是当卫星数量较少时,E-ALNS 算法表现更好;而当有更多卫星时,A-ALNS 算法表现更好。由于提出的自适应任务分配协同机制,A-ALNS 算法可以将任务分配给合适的卫星,由多颗卫星带来的解空间增长问题被 A-ALNS 算法快速分解。E-ALNS 算法在卫星数量提高时,由于多个任务贪婪的选择最早的可见时间窗口,被分配至相同的卫星,导致较长的解序列,计算时间增长得较快。S-ALNS 算法在五种协同机制中表现最差,特别是当任务和卫星数量很大时,这是因为 S-ALNS 算法没有分配过程,解序列过长,从而导致很长的处理时间。对于全球分布,A-ALNS 算法和 C-ALNS 算法表现最佳,且当有更多卫星和更多任务时,A-ALNS 算法表现更好。S-ALNS 算法仍然是耗时最多的方法,且算法的计算时间随着任务数量的增加增长迅速,在某些算例上,其 CPU 时间超过 10min。值得指出的是,在全球分布 6 颗卫星的算例中,A-ALNS 算法和 S-ALNS 算法的计算时间很短,这是因为算法在成功调度所有任务后终止,对于 6 颗卫星,当任务数量很少时,算法可以在较少次数的迭代中调度所有任务,在达到最大迭代之前终止,从而产生很小的 CPU 时间。

通过以上对比,可以得出结论,就 CPU 时间而言,对于区域分布的算例,E-ALNS 算法在卫星数量较少时表现较好,而对于全球分布的算例,C-ALNS 算法的表现较好。A-ALNS 算法是发挥最稳定的算法,在面向区域分布和全球分布的所有算例中,A-ALNS 算法都能进行快速求解,且计算时间随着任务数量的提升增长较慢。在所有算法中,S-ALNS 算法的计算时间最长,且增长速度最快。

接下来对比收益率。显然,S-ALNS 算法由于能够在每次迭代中搜索全部任务的可见时间窗口,实现全局优化,具有最高的收益率。但同样可以看到,A-ALNS算法的收益率与S-ALNS算法十分接近。值得指出的是,A-ALNS算法在多数算例上,仅使用S-ALNS 20%左右的计算时间,却能得到与S-ALNS算法近似的解。A-ALNS算法在全球分布的算例上表现十分突出,与S-ALNS算法接近。在其他4种协同机制中,C-ALNS算法在区域分布的算例中表现最好,而E-ALNS算法在全球分布的算例中表现最好。

最后,需要指出的是,S-ALNS算法在求解收益率上的良好表现得益于第2章提出的高效的单星调度算法。ALNS/TPF算法在求解大型算例上的高效率保证了即使未进行任务分配,也能在10000次的迭代中取得较好的全局优化效果。但若采取其他方法求解本章的单星调度子问题,如Liu等人[14]采用的标准ALNS算法,则不进行任务分配的S-ALNS算法会由于无法在10000次迭代内有效搜索巨大的解空间,而获得极差的解收益。基于标准ALNS算法的A-ALNS算法和S-ALNS算法(为了避免混淆,下文称之为A-ALNS*算法和S-ALNS*算法)的CPU时间和解的收益率如表3.6所示。从表中可以看到,A-ALNS*算法在全部的算例上均取得了比S-ALNS*算法更高的解收益,且运算速度远高于S-ALNS*算法。S-ALNS*算法在部分算例的求解时间甚至超过了10h。

表 3.6　A-ALNS* 和 S-ALNS* 的 CPU 时间与收益率比较

卫星	区域分布任务	A-ALNS*		S-ALNS*		全球分布任务	A-ALNS*		S-ALNS*	
		时间/s	收益率/%	时间/s	收益率/%		时间/s	收益率/%	时间/s	收益率/%
2	100~500	**406.12**	**68.29**	426.79	39.82	200~1000	**620.51**	**92.02**	868.48	78.87
2	600~1000	**1133.03**	**30.09**	1900.39	17.53	1200~2000	**2779.75**	**70.57**	10524.52	55.75
3	100~500	**172.47**	**76.98**	630.64	50.53	200~1000	**504.06**	**98.23**	1019.32	78.61
3	600~1000	**763.92**	**37.49**	3484.64	27.46	1200~2000	**1994.82**	**85.92**	21269.31	55.84
4	100~500	**172.08**	**88.57**	963.51	51.43	200~1000	**44.70**	**99.91**	837.57	78.46
4	600~1000	**640.25**	**49.72**	5086.68	28.13	1200~2000	**1124.07**	**98.26**	23047.62	56.88
5	100~500	**128.25**	**92.34**	1117.11	55.08	200~1000	**41.51**	**99.82**	954.39	80.22
5	600~1000	**589.94**	**55.54**	6594.46	31.95	1200~2000	**1233.95**	**98.48**	27778.75	55.26
6	100~500	**87.79**	**95.87**	1280.64	61.23	200~1000	**1.61**	**100.00**	1433.64	84.10
6	600~1000	**433.86**	**62.79**	7957.82	31.86	1200~2000	**500.58**	**99.87**	36670.61	55.24
平均值		**452.77**	**65.77**	2944.27	39.50		**884.56**	**94.31**	12440.42	67.92

注:加黑数字表示最佳结果。

通过以上实验,验证了所提出的多星协同机制的有效性。在当前文献中经常用于多星任务调度的其他4种协同机制在不同的任务分布模式和不同的算例中不够稳定和高效。不进行任务分配的方法尽管具有最高的求解质量,但求解时间过长,且求解时间增长过快,求解效率较低。未来随着卫星应用的不断拓展,任务数量和需要协同的卫星数量都会极大增长,不进行任务分配会造成难以接受的求解时间,显然本章提出的基于自适应任务分配的多星协同机制更加适合。另外需要指出的是,本节运行 A-ALNS 算法时,仅使用单核心,但本章提出的 A-ALNS 算法由于将任务分配至不同卫星,可以采用多核并行机制,运行效率会更高。

3.3.2.2   A-ALNS 算法测试

本节测试所提出的 A-ALNS 方法的性能。图 3.5~图 3.12 展示的结果是 A-ALNS 算法在每个算例上执行 10 次的平均值。

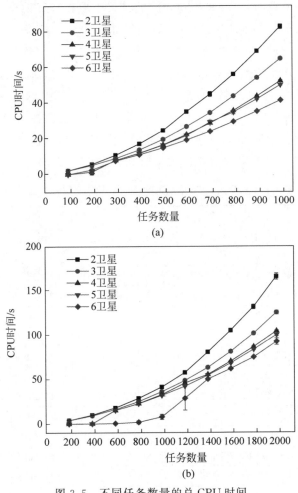

图 3.5   不同任务数量的总 CPU 时间

(a) 区域分布;(b) 全球分布

图 3.5 显示了 100 个场景的总 CPU 时间。很明显,随着任务数量的增加,CPU 时间也会增加。对于全球分布,当卫星数量很大时,算法更容易在几次迭代中

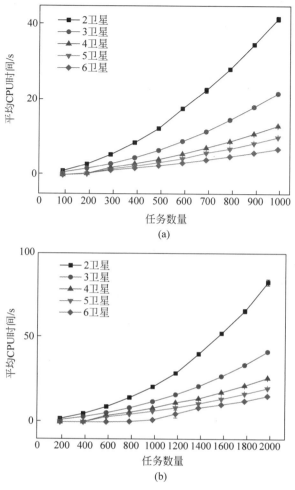

图 3.6 不同任务数量的平均 CPU 时间

（a）区域分布；（b）全球分布

安排所有候选任务,即算法会在达到最大迭代之前终止,因此可以看到在图3.5(b)中部分算例的运行时间很小,在任务数量达到 1000 个以上时,计算时间明显增加。此外,可以观察到,在任务数量相同时,卫星数量越多,计算时间越短。而如果将总CPU 时间除以卫星数量并得到单颗卫星调度的平均 CPU 时间,如图 3.6 所示,该结论则更加明显。随着卫星数量的增加,若任务数量保持不变,尽管每颗卫星上需要处理的元任务数量不会减少,但单颗卫星需要调度的任务数量减少,解序列更短,在执行 ALNS算法的插入操作时可以节约更多时间。这也同时验证了本章提出的多星协同策略的有效性,从表 3.2 和表 3.3 可以看出,S-ALNS 在任务数量不变而卫星数量增加时,计算时间也大大增加,说明在解空间的扩大的情况下,A-ALNS 的多星协同策略能够保证搜索过程的高速度和高效性。

由于该问题属于离线调度问题,任务调度通常在调度方案被上传执行前一段时间完成(通常为一天),因此,对于一些规模较大的算例,CPU 时间即使达到数百秒,也是可以接受的。但是,为了验证所提出的算法的效率,在此提供一些其他研究类似问题的文献中报告的计算时间,但由于这些问题具有不同的约束,使用不同的算例,无法直接比较计算时间,该表格仅提供计算时间规模的一些参考。在文献[32]和文献[52]中,未报告确切的 CPU 时间,对于具有 20~200 个任务的算例,平均 CPU 为 2~5min。在本章中,区域分布 2 颗卫星的 200 个任务的算例的平均 CPU 时间仅为 5.77s。在文献[50]和文献[51]中,报告了某些算例的确切 CPU 时间,现将 CPU 时间列在表 3.7 中进行比较,每个算例由卫星数量、任务数量和调度时间范围的长度进行区分。由表可见,相对于其他方法,在类似的算例上,A-ALNS 具有很短的求解时间。

表 3.7   与文献[50]和文献[51]中的计算时间比较

相似算例	CPU 时间/s	
	文献[50],[51]	A-ALNS
2 卫星,100 任务,1 天	54.28[50]	2.15
3 卫星,100 任务,1 天	34.21[50]	2.14
4 卫星,200 任务,1 天	588.03[50]	1.50
5 卫星,500 任务,1 天	950.22[51]	16.49
6 卫星,600 任务,1 天	2499.69[51]	19.35

图 3.7 显示了调度任务的数量,图 3.8 显示了不同算例的总收益。对于区域分布,从图 3.7(a)和图 3.8(a)可以观察到一个特别现象——任务数量的增加比任务收益的增加缓慢许多。这是由于在区域分布的算例中,任务的重叠程度很高,算法只能选择少量的任务来观测,当算例中的任务数量增加时,若观测的时间线已排满任务,算法可以通过调度具有更高优先级的任务来提高总收益,而调度的任务数量不一定增加。在区域分布 2 颗卫星的算例中,当任务数量达到 500 左右时,观测的时间线已经趋于饱和,难以观测更多任务,此时则可以在任务数量增加时挑选出更多优先级更高的任务进行观测。对于全球分布,如图 3.7(b)和图 3.8(b)所示,这种现象则没有这么明显,因为对于大多数的全球算例,任务之间的冲突度不高,整个卫星的观测时间线上仍有很多空余空间,可以通过调度更多任务提高收益。

图 3.9 比较了权重更新参数 λ 的三个不同取值的表现,图中的结果是全部算例的平均值。λ 的值越高,权重对算子分数的变化越敏感(即历史分数的影响越小)。为了清楚地表现差异,计算了不同取值相对于 $\lambda=0.1$ 的收益提高的百分比作为参考。从图中首先可以观察到的是,这 3 个值之间的差异很小,表明分配算子

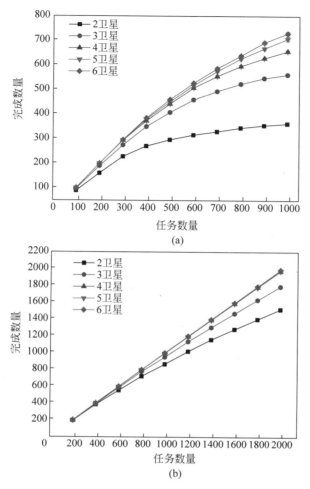

图 3.7　不同任务数量算例中调度的任务数量
（a）区域分布；（b）全球分布

的表现在各个迭代阶段的表现相对稳定,但在多数算例上,0.1 的收益都优于其他两个值,因此,选择 0.1 作为权重更新参数是较好的选择。

图 3.10 显示了 3 个不同分配频率下 5 个分配算子的调用次数。从图中可以看出,对于区域分布,分配算子 2 和 5 的表现最好;对于全球分布,分配算子 3 和 4 的表现最好。

图 3.11 显示不同分配算子的权重,由于权重根据分配算子的表现进行更新,因此可以显示这些分配算子的优化能力。从图中可看出,在区域分布中,5 个分配算子的表现十分接近,但分配算子 2 和 3 明显优于其他三个。由于在区域分布中任务之间的冲突很大,应优先分配给冲突最小的卫星或具有较长可见时间窗口的卫星,这样任务之间的冲突不会过度影响解的质量,保证任务有更多机会被观测

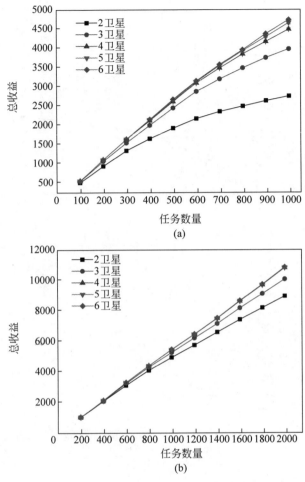

图 3.8   不同任务数量算例中的总收益
(a) 区域分布; (b) 全球分布

到。在全球分布中,分配算子 1 是最差的,而分配算子 3 和 4 比其他算子的表现更好。在全球分布中,最有效的任务分配算子是机会分配和卫星位置分配,这与本章的预计相一致:由于任务分布稀疏,任务之间的距离很大,任务之间的冲突很小,任务最好分配给最近的卫星或具有最多观测机会的卫星。

通过分析图 3.9～图 3.11 的结果,可以得出以下结论:①权重更新参数 λ 不会对结果产生太大影响,可以将其值固定为 0.1;②在区域分布中,冲突分配和机会分配更好;③在全球分布中,机会分配和卫星位置分配的表现更好;④随机分配是最差的,任务不应随机分配给卫星。以上这些结论对于指导任务分配以及在短时间内构建可行解非常有帮助,特别是在真正的多卫星调度工程项目中。

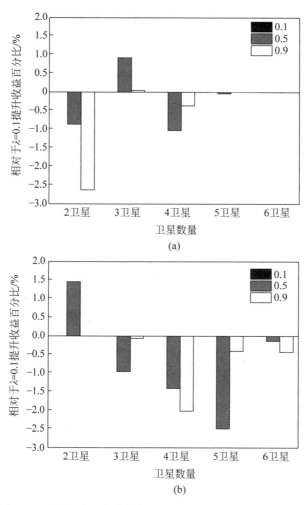

图 3.9　不同权重更新参数相对于 $\lambda=0.1$ 提升的收益百分比

（a）区域分布；（b）全球分布

图 3.12 比较不同 μ 值的表现。从图中可以看出就 CPU 时间而言，与预期不同的是，$\mu=5$ 是最好的，这说明频繁的重新分配不会增加太多的 CPU 时间，$\mu=5\sim50$ 的计算时间是三种方法中最长的；就总收益而言，$\mu=50$ 是最好的。为了比较 3 个值的求解效率，将总收益除以 CPU 时间，如图 3.12（e）和图 3.12（f）所示，可以看出，对于区域分布，$\mu=5$ 的表现最好；对于全球分布，各种分配频率的相对优势并不明显，在大多数情况下，$\mu=50$ 比其他两个值略好。因此，可以得出结论：对于任务明显重叠的场景，任务分配过程应该是频繁的，而对于任务稀疏的场景，任务分配过程应该不那么频繁，但如果不考虑计算时间，$\mu=50$ 应该是更好的选择。

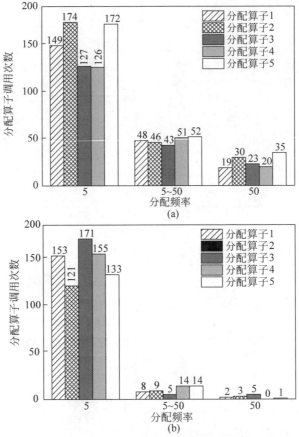

图 3.10　不同分配算子的调用次数
(a) 区域分布；(b) 全球分布

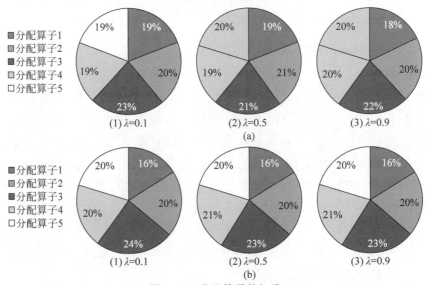

图 3.11　分配算子的权重
(a) 区域分布；(b) 全球分布

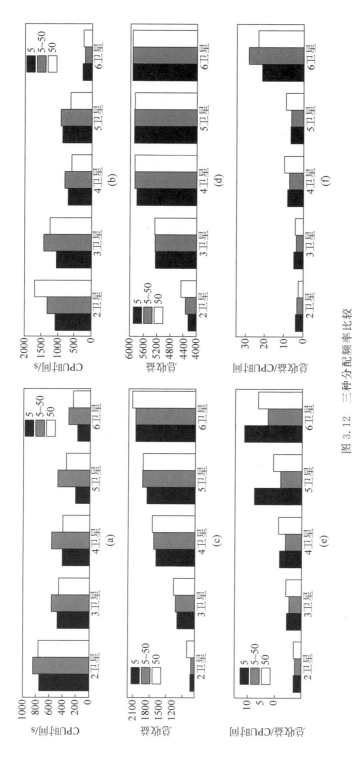

图 3.12 三种分配频率比较

(a) 区域分布 CPU 时间；(b) 全球分布 CPU 时间；(c) 区域分布总收益；(d) 全球分布总收益；

(e) 区域分布单位计算时间总收益；(f) 全球分布单位计算时间总收益

3.4 本章小结

　　本章在第 2 章的基础上，介绍了带有时间依赖的多颗敏捷卫星协同调度问题，提出一种自适应任务分配的大邻域搜索（A-ALNS）启发式算法对问题进行求解。为了解决多星协同问题，提高算法效率，提出一种自适应任务分配方案，其中包括 5 种启发式任务分配方法，主要思想是如果解质量在多次迭代中没有被改进，则触发分配操作，调用不同分配算子将任务重新分配给不同的卫星，而分配算子的选择基于算子在过去调度中的表现，因此算法可以根据算例的不同特性，自适应地选择表现更好的算子，有效地应对具有更多不同特性的问题。

　　本章设计了大量算例测试 A-ALNS 算法的有效性，并将提出的自适应任务分配协同机制与当前常见的多星协同机制进行了比较，同时分析了参数以及各个启发式算子对算法性能的影响。实验结果表明，所提出的自适应任务分配协同机制优于其他现有协同方法，在消耗较少的计算时间下获得了质量更好的解。由于自适应任务分配过程，计算时间没有随着卫星数量的增加而增加。同时，实验中也得出了一些对于实际工程项目而言有用的结论：如果任务的分布相对密集，最好将它们分配给具有冲突度较小的卫星，而如果任务分布稀疏，最好将它们分配给最近的卫星或具有最长可见时间窗口的卫星。

第4章

考虑时变云层遮挡的多颗敏捷卫星协同调度问题

光学卫星的成像过程很容易受到不确定性环境变化的影响,例如实时变化的云层的遮挡。在第 3 章中,介绍了一种基于自适应任务分配的多星协同调度方法,但是,由于环境的不确定性,该方法以及其他传统的离线调度方法需要一个能够响应实时环境信息的在线重调度过程。这种重复的调度过程使得过于精细的离线调度过程成为一种对计算资源的浪费,另外,由于缺乏良好的层次机制,离线调度方法非常复杂。

同时,对于考虑不确定性的卫星调度问题,仍以非敏捷卫星为主[53-60],尽管这些方法已经取得了一定成果,但敏捷卫星调度新的问题特点使得原来的方法不再适用。例如,在考虑云层遮挡的卫星调度问题中,对于非敏捷 EOS 来说,由于其仅能在目标上方时对目标进行成像(如图 1.1(a)所示),如果目标上方存在云层遮挡,则成像任务将会失败,在调度时可以直接删掉被云层遮挡的时间窗口;相比之下,由于 AEOS 的可见时间窗口很长,当目标上方存在云层遮挡时,AEOS 可以通过姿态机动绕过一段云层来完成成像任务(如图 1.1(b)所示)。因此,考虑云层遮挡的 AEOS 调度问题的复杂度远高于传统非敏捷 EOS,需要采用新的调度方法。

为了解决这些问题,本章给出了一种介于全在线与离线之间的、用于实时调度问题的多星分层式协同调度算法。该方法将调度过程分为三个步骤:预分配、粗略调度和精细调度。该方法从一个简单的任务分配和粗略调度过程开始,随着任务观测开始时间的临近,逐步改善调度的精细度,准确的开始观测时间仅在真正的观测前不久确定。Ye 等人[61]报告了美国国家环境全球预测系统中心的云层预测的准确性,从三年内的数据看,将预测前置时间从 3h 提升至 180h,云总覆盖率预测的平均准确度从 73% 降至 53%,由于预测准确率随着预测的前置时间的提升而下降,如果推迟精细调度的时间,可以获得一个更高的云层预测的准确度,从而可以在调度时有效减少云层覆盖对观测的影响,同时,由于整个精细调度仅执行一次,能实现更高的资源利用率。36 个场景的测试表明,使用这种新机制可以有效地减少计算时间,提高求解质量。

4.1   问题描述

由于敏捷卫星的可见时间窗口比实际需要观测的时间长得多,在调度过程中需要确定观测的开始时间,当有云层遮挡时,敏捷卫星可以通过选择不同的开始时间从而避开云层遮挡,但由于云层遮挡难以准确预测,云层的变化不可避免地会导致预先安排的离线调度计划失败。本章将研究实时变化的云层遮挡对调度过程的影响。

为了突出本章的重点,做出以下假设:
- 云层的实时变化包括云层位置、密度和形状的动态变化;
- 由于星上内存管理和处理规则的复杂性,本章不考虑图像下载过程;
- 星上内存和能量约束被简化为可以在每个轨道上拍摄图像数量的上限。

目前,大多数传统的离线调度方法都是单步的:在一定时间之前(通常是一天)生成调度方案,并且在调度方案中直接确定任务开始观测的时间,过程如图 4.1 所示,这些方法的计算复杂度非常高。由于难以准确预测云层的存在,离线方案很容易受到云层遮挡的影响,因此,总是需要一个在线重调度的方法根据实际云层遮挡情况来在线调整这种单步调度的方案。

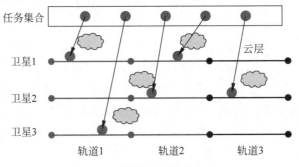

图 4.1   传统单步调度方法

如果能提出一种分层调度机制,则可以解决上述问题。如图 4.2 所示的分层调度方法相对于单层调度,包含以下两个优点:第一个优点是可以减少计算复杂性,该多敏捷卫星调度问题是一个 NP-hard 问题,对于大规模的算例,其解空间相当大,因此需要一个有效的启发式规则来指导算法找到近似最优解,本章提出的分层协同机制可以被视为一个将复杂问题划分为若干子问题的启发式规则；第二个优点是最终解决方案可以具有更好的鲁棒性,利用这种分层协同机制,可以推迟确定观测的开始时间以获得更准确的云层信息,当云层覆盖预测的准确性较高时,仅在观测的前几分钟确定观测开始时间,最终的调度方案受到云层变化的影响会很小。

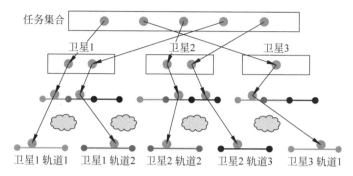

图 4.2　分层式协同调度方法示意图

根据不同任务的特点,本章将调度过程分为以下三个步骤:

(1) 预分配:根据任务的可见时间窗口分布情况,将任务分配给每个卫星。

(2) 粗略调度:通常,在一个轨道上每个任务最多只有一个可见时间窗口。在此步骤中,任务被分配给卫星的每个轨道,即根据预分配的结果和预测的云层分布情况(云层对任务可见时间窗口的遮挡时间,以下称为云层时间窗口)确定每个任务选择的具体可见时间窗口。

(3) 精细调度:确定每个任务的精确观测开始时间。

前两个调度步骤在地面上执行,从而充分利用了地面较高的计算能力,精细调度步骤则完全在卫星上执行,这是因为地面站可能没有机会将每个轨道的精细调度方案上传到卫星,并且星上调度可以响应执行过程中发生的不确定性,例如存储故障等。本章假设下一个轨道的精细调度过程在卫星进入下一个轨道之前的地影中执行(即当卫星无法观测任务时)。在精细调度步骤中,卫星不与其他卫星通信,每颗卫星仅调度已分配给自身的任务。轨道和云层预测信息可以在飞过地面站时上传到卫星,如果卫星信号在精细调度之前无法到达地面站,则可以通过高轨通信卫星上传少量云层预报信息。

4.2　分层式协同调度模型

本章提出的三步分层调度模型结构与传统的单步调度模型结构的对比如图 4.3 所示。

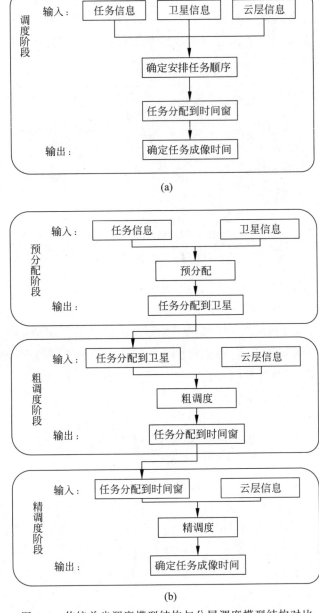

图 4.3   传统单步调度模型结构与分层调度模型结构对比

（a）传统单步调度模型；（b）分层调度模型结构

4.2.1   预分配

与 3.2 节提出的自适应任务分配直接面向任务调度不同,本节介绍的预分配包含自己的目标函数,其分配目标是最小化可见时间窗口之间的重叠程度和云层

遮挡程度,从而为下一步提供良好的基础,此步骤的变量如下:

(1) 输入

$T = \{t_1, t_2, \cdots, t_{|T|}\}$:任务集合,其中$|T|$是任务数量;

$S = \{s_1, s_2, \cdots, s_{|S|}\}$:卫星集合,其中$|S|$是卫星数量;

$W_{ij} = \{w_{ij1}, w_{ij2}, \cdots, w_{ij|W_{ij}|}\}$:$i \in [1, |T|], j \in [1, |S|]$,任务$t_i$在卫星$S_j$上的可见时间窗口集合,其中$|W_{ij}|$是任务$t_i$在卫星$S_j$上的可见时间窗口数量;

$C_{ijk}^1 = \{c_{ijk1}^1, c_{ijk2}^1, \cdots, c_{ijk|C_{ijk}^1|}^1\}$:$i \in [1, |T|], j \in [1, |S|], k \in [1, |W_{ij}|]$,可见时间窗口$w_{ijk}$上的云层时间窗口集合,其中$|C_{ijk}^1| \in [0, +\infty)$是可见时间窗口$w_{ijk}$上的云层时间窗口数量,当该可见时间窗口上没有云时,该集合可以为空。同时,虽然云层信息是动态的,但云层时间窗口是根据云层覆盖预测计算的,通过更准确的云层覆盖预测更新云层时间窗口,算法的每个步骤中的云层时间窗口输入是不同的,但云层时间窗口本身是静态的。为了清楚起见,不同调度步骤的云层时间窗口由上标1~3区分。下标表示云层时间窗口所属的可见时间窗口。

为避免混淆,下文使用符号i, j, k, n来表示第i个任务、第j颗卫星、第k个可见时间窗口、第n个云层时间窗口。例如,w_{ijk}表示卫星S_j上任务t_i的第k个可见时间窗口。

(2) 决策变量

x_{ij}:$x_{ij} \in \{0, 1\}$,$x_{ij} = 1$代表任务t_i被分配给卫星S_j,$x_{ij} = 0$代表任务t_i没有被分配给卫星S_j。

(3) 目标函数

首先,定义两个重要指标:可见时间窗口重叠度和云遮挡程度。

可见时间窗口w_{ijk}的云遮挡程度λ_{ijk}^C可以用下式计算:

$$\lambda_{ijk}^C = \sum_{n=1}^{|C_{ijk}^1|} \zeta_{ijkn} \frac{\text{TimeSpan}(c_{ijkn}^1, w_{ijk})}{l_{ijk}} \tag{4.1}$$

式中,l_{ijk}是可见时间窗口w_{ijk}的长度;参数ζ_{ijkn}表示w_{ijk}上第n个云层时间窗口的云量级别,云量级别是对云影响程度的度量,具有不同厚度和密度的云的影响是不同的,$\zeta_{ijkn} \in [0, 1]$,其值越大,影响越大,$\zeta_{ijkn} = 0$表示该任务完全不受云影响,而$\zeta_{ijkn} = 1$表示该任务完全被云遮挡;$\text{TimeSpan}(c_{ijkn}^1, w_{ijk})$代表$w_{ijk}$和$c_{ijkn}^1$的重叠时间。

窗口重叠度的计算相对复杂,因为可见时间窗口仅与其他已分配给同一卫星的任务的可见时间窗口重叠,因此,它是一个变量,具体取决于赋值结果。w_{ijk}的窗口重叠度λ_{ijk}^O可以根据下式计算:

$$\lambda_{ijk}^O = \sum_{i'=1, i' \neq i}^{|T|} x_{i'j} \frac{\sum_{k=1}^{|W_{i'j}|} \text{TimeSpan}(w_{ijk}, w_{i'jk})}{l_{ijk}} \tag{4.2}$$

需要注意,式(4.2)中的决策变量$x_{i'j}$在仅当任务$t_{i'}$被分配给与任务t_i相同的卫星时,其与任务 t_i 的重叠持续时间将计入任务 t_i 的窗口重叠度。

由于每颗卫星上每个任务有多个可见时间窗口,因此每颗卫星上每个任务的平均重叠度和平均云遮挡程度的计算公式分别为

$$\lambda_{ij}^C = \sum_{k=1}^{|W_{ij}|} \lambda_{ijk}^C / |W_{ij}| \tag{4.3}$$

$$\lambda_{ij}^O = \sum_{k=1}^{|W_{ij}|} \lambda_{ijk}^O / |W_{ij}| \tag{4.4}$$

预分配层还应通过最小化分配给每个卫星的任务数量的方差来平衡卫星负载。因此,可以得出最小化这三个因素的目标函数为

$$\min G = \omega_1 \sum_{i=1}^{|T|} \sum_{j=1}^{|S|} x_{ij} \lambda_{ij}^O + \omega_2 \sum_{i=1}^{|T|} \sum_{j=1}^{|S|} x_{ij} \lambda_{ij}^C +$$

$$\omega_3 \sum_{j=1}^{|S|} \left(\sum_{i=1}^{|T|} x_{ij} - \frac{|T|}{|S|} \right)^2 \tag{4.5}$$

s. t.

式$(4.1) \sim$ 式(4.4)

$$\sum_{j=1}^{|S|} x_{ij} = 1, \quad \forall t_i \in T \tag{4.6}$$

$$x_{ij} = 0, \quad \text{若} |W_{ij}| = 0 \tag{4.7}$$

$$x_{ij} \in \{0,1\}, \quad \forall t_i \in T, S_j \in S \tag{4.8}$$

在式(4.5)中,第一部分表示最小化每个卫星上可见时间窗口之间重叠度;中间部分表示最小化分配给卫星的可见时间窗口的云遮挡程度;最后一部分表示最小化分配给每个卫星的任务数量的方差,从而实现分配的负载平衡。参数 $\omega_1, \omega_2,$ ω_3 分别为衡量窗口重叠度、云遮挡度和负载平衡重要性的权重。约束(4.6)表示每个任务都应唯一地分配给一颗卫星。约束(4.7)限制任务只能分配给具有其可见时间窗口的卫星。约束(4.8)显示决策变量的取值范围。

4.2.2 粗略调度

与预分配相似,粗略调度层的原则是最小化可见时间窗口之间的重叠度和云遮挡度,从而为精细调度降低计算复杂度提供一个良好的基础。此步骤可以确定用于观测任务的轨道,由于每个任务在每个轨道上具有至多一个可见时间窗口,因此确定轨道意味着确定可见时间窗口。如果一个轨道上的某些任务没有可见时间窗口,则分配这些任务时不会考虑该轨道。与预分配的区别在于粗略调度将可见时间窗口的长度作为分配的重要因素,如果可见时间窗口很长,则观测的机会会更多。

（1）输入

$T_j = \{t_1, t_2, \cdots, t_{|T_j|}\}$：分配给卫星 S_j 上的任务集合,其中 $|T_j|$ 是分配给卫星 S_j 的任务数量;

$W_{ij} = \{w_{ij1}, w_{ij2}, \cdots, w_{ij|W_{ij}|}\}$：$i \in [1, |T_j|]$，任务 t_i 在所选择的卫星 S_j 上的可见时间窗口集合；

$C_{ijk}^2 = \{c_{ijk1}^2, c_{ijk2}^2, \cdots, c_{ijk|C_{ijk}^2|}^2\}$：$i \in [1, |T_j|]$，$k \in [1, |W_{ij}|]$，可见时间窗口 w_{ijk} 上的云层时间窗口集合，其中 $|C_{ijk}^2| \in [0, +\infty)$ 是可见时间窗口 w_{ijk} 上的云层时间窗口数量。

（2）决策变量

x_{ik}：$x_{ik} \in \{0,1\}$，$x_{ik} = 1$ 代表任务 t_i 被分配给卫星 S_j 上的第 k 个轨道，$x_{ik} = 0$ 代表任务 t_i 没有被分配给卫星 S_j 上的第 k 个轨道。

（3）目标函数

由于可见时间窗口仅与已选择且位于同一轨道的可见时间窗口重叠，因此 λ_{ijk}^O 可以计算如下：

$$\lambda_{ijk}^O = \sum_{i'=1, i' \neq i}^{|T_j|} x_{i'k} \frac{\text{TimeSpan}(w_{ijk}, w_{i'jk})}{l_{ijk}} \tag{4.9}$$

λ_{ijk}^C 的计算公式保持不变，但其值应根据新的云层信息 C_{ijk}^2 进行更新。

如上所述，可见时间窗口的长度被认为是一个重要因素，可见时间窗口可用度定义为

$$\lambda_{ijk}^L = \frac{l_{ijk}}{\sum_{k=1}^{|W_{ij}|} l_{ijk}} \tag{4.10}$$

目标函数是最小化窗口重叠度和云层遮挡度，同时最大化可见时间窗口可用度，因此可得

$$\min G_j = \omega_4 \sum_{i=1}^{|T_j|} \sum_{k=1}^{|W_{ij}|} x_{ik} \lambda_{ijk}^O + \omega_5 \sum_{i=1}^{|T_j|} \sum_{k=1}^{|W_{ij}|} x_{ik} \lambda_{ijk}^C + \omega_6 x_{ik} \frac{1}{\lambda_{ijk}^L} \tag{4.11}$$

s.t.

$$\text{式}(4.9) \sim \text{式}(4.10)$$

$$\sum_{k=1}^{|W_{ij}|} x_{ik} = 1, \quad \forall t_i \in T_j \tag{4.12}$$

$$x_{ik} \in \{0,1\}, \quad \forall t_i \in T_j, w_{ijk} \in W_{ij} \tag{4.13}$$

在式（4.11）中，第三项表示可见时间窗口可用度的重要性，并且使用其倒数，这是因为需要最大化可见时间窗口的长度。根据约束（4.12），每个任务都应分配给一个唯一的可见时间窗口进行成像。约束（4.13）显示决策变量取值范围。

4.2.3 精细调度

精细调度层调度已分配到同一轨道的任务。在本章中，在预处理阶段已经根据成像质量约束裁剪所有可见时间窗口，因此，调度阶段中的所有可见时间窗口都满足

成像质量约束。在最后一步中,应确定观测的开始时间,考虑云层遮挡以及用于避免云层遮挡所消耗的能量,最大化观测总收益。本章在目标函数中的考虑能量消耗的目的是防止卫星通过过大的姿态机动规避云层遮挡而消耗了过多的能量。

(1) 输入

$T_{jk} = \{t_1, t_2, \cdots, t_{|T_{jk}|}\}$:分配给卫星 S_j 上第 k 条轨道的任务集合,其中 $|T_{jk}|$ 是分配给这条轨道的任务数量。

$W = \{w_1, w_2, \cdots, w_{|T_{jk}|}\}$:每个待观测任务被选择的可见时间窗口集合。可见时间窗口的数量显然应该等于任务的数量。

$C_{ijk}^3 = \{c_{ijk1}^3, c_{ijk2}^3, \cdots, c_{ijk|C_{ijk}^3|}^3\}$:$i \in [1, |T_{jk}|]$,选中的可见时间窗口 w_{ijk} 上的云层时间窗口集合,其中 $|C_{ijk}^3| \in [0, +\infty)$ 是可见时间窗口 w_{ijk} 上的云层时间窗口数量。

(2) 决策变量

x_i:$x_i \in \{0,1\}$,$x_i = 1$ 代表任务 t_i 被选中观测,$x_i = 0$ 代表任务 t_i 没有被选中观测;

u_i:$b_i \leqslant u_i \leqslant e_i$,任务 t_i 观测开始时间,其中 b_i 和 e_i 分别代表可见时间窗口 w_i 的开始时间和结束时间,即任务 t_i 的最早和最晚可开始时间。

(3) 目标函数

精细调度的目标是最大化总收益。任务 t_i 的收益主要取决于其优先级 g_i。收益同时会由于观测开始时间的提早/延迟、受到云层遮挡、使用过多能量而获得一定的惩罚,每一项最多减少 1/3 的收益值。

由于敏捷卫星的时间依赖特性,当卫星正好位于任务之上时,可以获得最佳成像质量,该任务应位于其可见时间窗口的中间[14],令 g_i^T 为观测开始时间的惩罚,它的计算公式为

$$g_i^T = \frac{|u_i - w_i^*|}{w_i^* - b_i} \cdot \frac{g_i}{3} \tag{4.14}$$

其中,w_i^* 是可见时间窗口 w_i 中成像质量最佳的时刻,一般为中点,由于 $b_i \leqslant u_i \leqslant e_i$,$g_i^T \in \left[0, \dfrac{g_i}{3}\right]$。

令 g_i^C 为云层遮挡的惩罚,它的计算公式为

$$g_i^C = \max\left\{\sum_{n=1}^{|c_{ijk}^3|} y_{in} \zeta_{ijkn}, 1\right\} \cdot \frac{g_i}{3}, \quad y_{in} = \begin{cases} 1, & u_i \in c_{ijkn}^3 \\ 0, & \text{其他} \end{cases} \tag{4.15}$$

其中,y_{in} 是一个二元变量,代表 u_i 是否位于云层时间窗口 c_{ijkn}^3 内部,$g_i^C \in \left[0, \dfrac{g_i}{3}\right]$,符号 y_{in} 中不包含脚标 j 和 k 的原因是任务 t_i 已经被分配给了 w_{ijk}。

令 g_i^E 为能量惩罚,它的计算公式为

$$g_i^E = \frac{\theta_{i'i}}{\theta_{\max}} \cdot \frac{g_i}{3}, \tag{4.16}$$

$$\theta_{i'i} = |\gamma_i^{s_{i'}} - \gamma_i^{s_i}| + |\pi_i^{s_{i'}} - \pi_i^{s_i}| + |\psi_i^{s_{i'}} - \psi_i^{s_i}|$$

其中，$\theta_{\max}$ 是卫星在观测时能够转换的最大角度，$\theta_{i'i}$ 是从任务 $t_{i'}$ 转换到任务 t_i 需要转换的角度，任务 $t_{i'}$ 是任务 t_i 的直接前驱，两个任务之间的转换角度是由两次观测开始时的滚动角 $\gamma_i^{s_i}$ 的差异、俯仰角 $\pi_i^{s_i}$ 的差异以及偏航角 $\psi_i^{s_i}$ 的差异求和得出。$g_i^E \in \left[0, \dfrac{g_i}{3}\right]$。

任务 t_i 的收益可以由下式计算：

$$g_i' = g_i - g_i^T - g_i^C - g_i^E \tag{4.17}$$

根据三类惩罚的定义，$g_i' \in [0, g_i]$。

因此，可得目标函数为

$$\max G_{jk} = \sum_{i=1}^{|T_{jk}|} x_i g_i' \tag{4.18}$$

s. t.

式(4.14) ~ 式(4.17)

$$v_{i'} + \tau_{i'i} \leqslant u_i, \quad \forall t_i \in T_{jk} \tag{4.19}$$

$$v_i - u_i = d_i, \quad \forall t_i \in T_{jk} \tag{4.20}$$

$$\sum_{n=1}^{|c_{ijk}^3|} y_{in} \zeta_{ijkn} \leqslant S_i^r, \quad \forall t_i \in T_{jk} \tag{4.21}$$

$$\sum_{i=1}^{|T_{jk}|} x_i \leqslant M \tag{4.22}$$

$$b_i \leqslant u_i \leqslant e_i, \quad \forall t_i \in T_{jk} \tag{4.23}$$

$$x_i \in \{0,1\}, \quad \forall t_i \in T_{jk} \tag{4.24}$$

约束(4.19)是卫星机动约束，要求前一任务的结束时间加上机动时间不晚于下一个任务的开始时间，其中，$v_{i'}$ 是前一个任务的观测结束时间，$\tau_{i'i}$ 是任务 $t_{i'}$ 到任务 t_i 的姿态转换时间，姿态转换时间取决于卫星的姿态，依赖于两个相邻观测的观测开始时间，具体计算方法与式(2.11)相同。约束(4.19)体现了问题的时间依赖特性。约束(4.20)是观测时间约束，要求观测长度必须等于所需的观测的持续时间 d_i。约束(4.21)是云量约束，如果图片中的云量太高，则对用户来说变得无用，S_i^r 是用户可以接受的最大云量。约束(4.22)确保每个轨道上安排的任务数低于上限 M。约束(4.23)和约束(4.24)显示两个决策变量的取值范围。

4.2.4 复杂度分析

在传统的调度方法中，不包括预分配和粗略调度这两个步骤，因此，算法需要

在所有可能的可见时间窗口组合中进行搜索,目标是最大化收益,该收益是使用式(4.18)计算的。如果定义 1s 作为步长,可见时间窗口 w_{ijk} 的解空间大小为 $(l_{ijk} - d_i)$,对于任务 t_i,解空间大小为 $\sum_{j=1}^{|S|} \sum_{k=1}^{|W_{ij}|} (l_{ijk} - d_i)$,可能的任务组合总数为 $\prod_{i=1}^{|T|} \sum_{j=1}^{|S|} \sum_{k=1}^{|W_{ij}|} (l_{ijk} - d_i)$。

在所提出的分层方法中,预分配步骤的搜索空间是 $(|S|)^{|T|}$,因为每个任务都会有 $|S|$ 个卫星选项;在粗略调度步骤中,任务 t_i 已经分配给特定卫星 S_j,因此,它有 $|W_{ij}|$ 个可供选择的可见时间窗口,粗略调度步骤的搜索空间为 $\prod_{i=1}^{|T|} |W_{ij}|$;在精细调度步骤中,已经确定了每个任务的可见时间窗口,因此,对于任务 t_i,可能的观测开始时间的数量为 $(l_{ijk} - d_i)$,精细调度步骤的搜索空间为 $\prod_{i=1}^{|T|} (l_{ijk} - d_i)$。因此,提出的分层调度方法的搜索空间为 $(|S|)^{|T|} + \prod_{i=1}^{|T|} |W_{ij}| + \prod_{i=1}^{|T|} (l_{ijk} - d_i)$。

由于 $|W_{ij}|$ 远小于 $\sum_{j=1}^{|S|} |W_{ij}|$,所提出的分层调度方法的搜索空间远小于传统方法的搜索空间,这将比传统方法快得多。但由于搜索空间有限,算法可能找不到全局最优解。然而对于包含较大的任务数和较长的可见时间窗口(通常,敏捷卫星的可见时间窗口超过 300s)的算例,传统方法将由于搜索空间将变得太大而无法有效求解,需要具有高搜索效率的算法。因此,提出的方法中的启发式目标值能够有效地指导预分配和粗略调度这两个步骤的分配,即云遮挡程度、窗口重叠度和可见时间窗口的长度;上述两个步骤的有效求解,可以辅助第三个步骤精细调度过程快速求得质量较高的解。

4.3   分层式协同调度算法

为了求解上述问题,本章提出一种基于蚁群算法的改进分层式协同调度算法,该算法将 4.2 节提出的层次结构机制与蚁群算法集成在一起。蚁群算法最初由 Dorigo[62] 提出,并已成功应用于卫星观测任务聚类问题[63]、非敏捷卫星[37,38,59]和敏捷卫星[42,64,65]调度问题。Wu 等人[38] 将蚁群算法与俄罗斯套娃搜索(Russian doll search)以及其他非精确求解方法,包括贪婪搜索方法、禁忌搜索、遗传算法和模拟退火进行了比较,并通过实验验证了蚁群算法优于其他非敏捷卫星调度问题的方法;对于敏捷卫星调度问题,Xu 等人[51] 使用蚁群算法实现了比贪婪启发式算法和混合整数规划算法更好的性能。在 4.2 节中介绍的分层调度模型中,第一层类似于任务在不同卫星上的聚类过程;第二层为每个任务选择可见时间窗口,与传统非敏捷卫星的调度问题相似；第三层确定具体的观测开始时间，同时考虑时间依赖的姿态转换时间和成像质量，则是敏捷卫星调度问题。考虑到蚁群算法在这三类问题上皆表现出优越的性能，本章采用蚁群算法来解决提出的问题。

4.3.1　状态转移规则

状态转移规则用于指导蚂蚁移动。预分配步骤为卫星分配不同的任务，这类似于蚁群聚类过程，卫星可以被视为集群，当蚂蚁移动时，它们为每项任务选择一颗卫星；粗略调度步骤为每个任务选择可见时间窗口，因此，可见时间窗口被视为路径上的节点，并且蚂蚁在每次移动时，相同任务的其他可见时间窗口将添加到禁忌列表，从而防止二次分配；在精细调度步骤中，任务被视为节点，在蚂蚁确定路径之后，确定任务序列，然后确定观测开始时间以使利润最大化。在这三个步骤中，位于节点 i 的蚂蚁使用以下等式选择下一个节点 j：

$$j = \begin{cases} \arg\max\limits_{s \in A_k}\{\tau_{is}^{\alpha}\eta_{ms}^{\beta}\}, & q \leqslant q_0 \\ \varphi, & q > q_0 \end{cases} \tag{4.25}$$

其中，$q_0 \in [0,1]$ 表示随机选择常量，q 是 $[0,1]$ 上的随机数，A_k 是蚂蚁 k 可以达到的任务集。对于这三个步骤，这些集合分别是卫星集合、一组可见时间窗口（不包括已分配任务的那些窗口）和一组任务（不包括那些已分配的任务），α 和 β 是信息素和节点可见性的重要性因子，参数 τ_{is} 是从节点 i 到节点 s 的路径上的信息素，η_{ms} 是在第 m 步调度中节点 s 的可见性。在式（4.1）～式（4.4）以及式（4.9）中定义的窗口重叠度和云层遮挡度用作节点可见性中的启发式值，需要注意的是式（4.2）和式（4.9）中的决策变量在计算启发式值的时候将被删除。三个步骤中的 η_{ms} 值的定义如下：

$$\eta_{1s} = \frac{1}{(\lambda_{is}^{O} + 1)(\lambda_{is}^{C} + 1)} \tag{4.26}$$

$$\eta_{2s} = \frac{\lambda_{ijs}^{L}}{(\lambda_{ijs}^{O} + 1)(\lambda_{ijs}^{C} + 1)} \tag{4.27}$$

$$\eta_{3s} = \frac{g_s}{\sum\limits_{i=1}^{|T|} g_i} \tag{4.28}$$

在式（4.26）和式（4.27）中，窗口重叠度和云层遮挡度加 1 以避免分母为 0。式（4.28）是任务 t_s 的收益占全部任务的收益的比例。当 $q > q_0$ 时，φ 使用以下公式选择任务：

$$p_{ij}(t) = \begin{cases} \dfrac{\tau_{ij}^{\alpha}\eta_{mj}^{\beta}}{\sum\limits_{s \in A_k} \tau_{is}^{\alpha}\eta_{ms}^{\beta}}, & j \in A_k \\ 0, & \text{其他} \end{cases} \tag{4.29}$$

4.3.2   信息素更新规则

信息素是影响蚂蚁选择的重要因素,具有较高信息素浓度的路径可以吸引更多的蚂蚁。在预分配步骤中,信息素存在于每个任务和卫星的组合,浓度显示的是窗口重叠度、云层遮挡度以及负荷平衡;在粗略调度步骤中,信息素存在于每个可见时间窗口及其任务的组合中,浓度显示云层遮挡度、窗口重叠度和可见时间窗口长度;在精细调度步骤中,信息素存在于每两个任务的组合中,浓度显示的是任务的收益。

根据每个步骤的目标函数和更新函数更新信息素浓度。每条路径都有一个初始的信息素浓度 $\tau = \tau_0$,如果蚂蚁沿着路径通过,则该路径上的信息素将被增强;否则,信息素将以一定的速率挥发。设 n 是蚂蚁的数量,在蚂蚁 k 完成第 m 步调度后,它会移动 N 次,故信息素更新函数为

$$\tau_{ij}(t+N) = (1-\rho_m)\tau_{ij}(t) + \Delta\tau_{ij}(t) \tag{4.30}$$

$$\Delta\tau_{ij}(t) = \begin{cases} \dfrac{\sum\limits_{k=1}^{n}\Delta\tau_{ijk}(t)}{\sum\limits_{k=1}^{n}x_{ijk}}, & \sum\limits_{k=1}^{m}x_{ijk} > 0 \\ 0, & \text{其他} \end{cases} \tag{4.31}$$

$$x_{ijk} = \begin{cases} 1, & \text{若 } k \text{ 经过路径}(i,j) \\ 0, & \text{其他} \end{cases} \tag{4.32}$$

$$\Delta\tau_{ijk}(t) = x_{ijk}G'_{mk} \tag{4.33}$$

在式(4.30)中,ρ_m 是蒸发系数。在式(4.31)中,x_{ijk} 显示的是蚂蚁 k 是否经过从节点 i 到节点 j 的路径,$\Delta\tau_{ijk}(t)$ 是蚂蚁 k 通过路径(i,j)时的信息素增量。在式(4.33)中,当 $m = (1,2)$ 时,G'_{mk} 是第 m 步调度中目标值的倒数,当 $m = 3$ 时,G'_{mk} 是第 3 步中的目标函数值。

4.3.3   基于蚁群算法的分层调度流程

基于蚁群算法的分层调度算法(hierarchical scheduling based on ant colony algorithm,HACA)的流程如图 4.4 所示,3 个调度步骤是独立执行的:首先,预分配步骤将任务分配给不同的卫星;然后,对于每个卫星上的任务,粗略调度步骤将任务分配给其卫星的各个轨道上,为每个任务确定观测的可见时间窗口(在图 4.4 中,仅展示出了首尾两颗卫星的粗略调度步骤,该过程对于其他卫星是相同的);精细调度步骤根据粗略调度步骤的结果在每个轨道上调度任务(在图 4.4 中,仅展示了首尾两条轨道的精细调度步骤,该过程对于其他轨道是相同的)。精细调度步骤在观测之前不久基于粗略调度结果和更高精度的云层预测确定观测开始时间,这能使用较少的资源来实现精确的调度,防止由环境变化引起的无效调度。

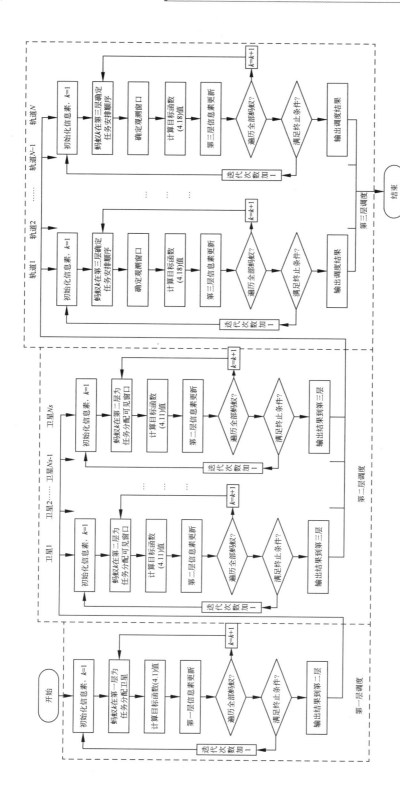

图 4.4　HACA 算法流程

HACA 的 3 个步骤都具有最大迭代次数,算法在达到最大迭代时终止。第 3 个步骤具有额外的终止条件,即当所有候选任务都被安排并且已经找到最高收益时终止(即已经找到最优解)。

4.4　实验分析

本节实验环境为 Intel Core i5-4460T 1.90GHz CPU(仅使用单核心),Windows 7 系统与 8GB 内存。同时,采用 IBM ILOG CPLEX 12.8 用于求解混合整数规划 (mixed integer programming,MIP)模型。元启发式方法展示的结果是 10 次运行的平均值。

4.4.1　算例设计

为了验证模型和算法,共设计了 36 个包含 30~400 个任务的算例,这些算例在 4 个参数上彼此不同:调度范围(12h,24h 和 36h),分布区域的大小(小、中、大),卫星数量(2,3,4,5),以及任务数量(30~400)。"大"区域表示任务在全球范围内随机分布;"中"区域表示任务分布在(3°N~53°N,73°E~135°E)的范围内;"小"区域表示一个更小的区域(3°N~13°N,73°E~83°E),为了加强可见时间窗口之间的重叠,"小"区域场景中的卫星都具有相同的轨道参数,即它们具有相同的可见时间窗口。为简单起见,以"范围-区域-卫星数量-任务数量"的格式标记不同的算例。卫星的六个轨道参数分别是半长轴(a)、偏心率(e)、倾角(i)、近地点角(ω)、升交点赤经(RAAN)和真近点角(m)。5 颗卫星的轨道参数如表 4.1 所示。

表 4.1　卫星轨道参数

卫星	a	e	i	ω	RAAN	m
卫星 1	7200000	0	96.576	0	175.72	0.075
卫星 2	7141702	0.0006	98.5964	342.307	95.5069	125.2658
卫星 3	7140311	0.0027	98.6037	86.4986	78.5532	178.6797
卫星 4	6877891	0.0014	97.5619	152.974	88.64	162.5789
卫星 5	7006738	0.0033	97.9271	8.3849	217.2438	115.2384

本实验的云层数据来自美国宇航局兰利研究中心大气科学数据中心,该数据集称为 Surface Radiation Budget(NASA SRB)3.0[66],它是一个开源数据集,包含 1°×1°网格的全球三小时云层覆盖度([0,1])。为了模拟不同预测提前期的不同预测精度,将 NASA SRB 的数据用作实时云数据,并根据 Ye 等人[61]报告的预测精度对原始数据进行了一些扰动。通过这种方式,生成了三组云数据:12~36h 预测云层数据(用于预分配步骤和粗略调度步骤,具体取决于调度范围),3h 预测云层数据(用于精细调度步骤)和实时云层数据(用于在线重调度和评估不同算法的

解质量)。

下面,我们将提出的 HACA 与传统的单步蚁群算法(ant colony algorithm, ACA)、第 3 章提出的基于自适应大邻域搜索(A-ALNS)的多星协同调度方法,两种混合整数规划(MIP)方法和基于单步 ACA 的全知方法(Omniscient,即在调度前已经具备实时云层信息)进行比较。传统的 ACA 和 A-ALNS 算法无法处理时变云层等环境的变化,为了公平对比,需要一个在线重调度过程,这个在线重调度过程使用来自 ACA/A-ALNS 算法的离线结果快速进行一些小的调整,以使离线调度结果适应环境变化。因此,对于 ACA 和 A-ALNS,使用来自文献[67]的冲突消除策略(conflict removal strategy,CRS)来改进离线解决方案(本节展示的 ACA 和 A-ALNS 的结果皆为 CRS 改进之后的结果,为简单起见,图片中未明确标准 CRS)。对于 CRS,假设卫星携带云量探测器并且可以获得实时云层信息。使用的两个 MIP 方法是:所有三个步骤都由 MIP 求解,称为分级 MIP(hierarchical MIP, HMIP);或前两个步骤由提出的 HACA 解决,第三个步骤由 MIP(ACA-MIP)解决。最后,还应包括一个基于 ACA 的全知方法来检验 HACA 与具有理想输入的方法之间的差距:全知方法(omniscient)将实时云层信息作为云层输入。需要注意,全知的方法是不现实的,因为在预先调度任务时无法获得实时云层信息,因此它应该具有最高的解收益,可作为一个与其他方法对比的上界。

如 4.2 节所述,模型的第三个步骤是在卫星进入下一个轨道之前在地影中飞行时在卫星上执行的。星载计算机与比地面计算机相比,机能较弱,根据 Chu 等人[68]的基准测试,星载计算机比地面计算机慢大约 10 倍。由于卫星在地影中的持续时间约为 30min,因此当利用地面计算机上进行模拟时,使用 3min(180s)的时间限制来安排第三个步骤中的每个轨道的调度方案。算法在达到此时间限制时终止,并返回已经找到的最佳解决方案。

HACA 的参数值固定如下:
- 最大迭代次数:100,蚂蚁数量:100。
- 重要性因子:$\omega_i=1,\alpha=1.5,\beta=1$。
- 随机选择常数:$q_0=0.5$。
- 信息素更新参数
(1) 蒸发系数:$\rho_m=0.34,m\in\{1,2,3\}$;
(2) 初始浓度:$\tau_0=0.01$;
(3) 浓度最小值和最大值:$\tau_{min}=0.01,\tau_{max}=3$。

4.4.2　实验结果

图 4.5 比较了各算法的 CPU 时间,其中,HACA-1,HACA-2 和 HACA-3 分别表示每个 HACA 步骤的 CPU 时间,HMIP 算法和 ACA-MIP 算法由于 CPU 时间过长,无法在图 4.5 中显示。附录 A 中列出了所有 36 个场景各个算法的详细结

果。在图 4.5 中,图 4.5(a)、(b)和(c)比较具有不同卫星数量的算例;图 4.5(d)、(e)和(f)比较具有不同分布面积的算例;图 4.5(g)、(h)和(i)比较具有不同调度范围的场景。

　　从 CPU 时间的角度来看,HACA 层次机制的优势是显而易见的。对于所有算例,HACA 所需的时间随着算例规模的扩大增长十分缓慢,对比不包含分层机制的方法,HACA 的 CPU 时间减少 50%～90%。ACA 和 Omniscient 方法的时间相似,因为它们都是基于传统的单步 ACA。A-ALNS 算法比 HACA 更快,主要包含两个原因:首先,A-ALNS 算法同样使用了一种多星协同分配机制分解了问题的复杂性;其次,A-ALNS 算法在完全调度任务集合中的任务时终止,针对本章规模相对较小的算例,由于不考虑云层信息,A-ALNS 算法可以在大多数算例中调度全部任务并提前终止,而 HACA 则由于考虑了云层信息,无法调度全部任务,搜索时间相对更长。在所有方法中,HMIP 算法和 ACA-MIP 算法在 CPU 时间方面表现最差。

　　对于大多数算例,HACA 的第三个步骤耗费时间最短。这表明前两个步骤提供了具有良好质量的解,使得第三个步骤中大多数任务的冲突较小,可以在达到最大迭代之前终止。在图 4.5(d)和(e)中,第三个步骤耗时最长,原因是当分布区域较小时,前两个步骤难以为第三个步骤找到无冲突的输入,因此第三个步骤必须搜索所选择的可见时间窗口,并通过确定观测开始时间以防止冲突,显然这一步需要更长的时间。从图 4.5(d)和(e)的比较以及图 4.5(g)、(h)和(i)的比较,可以看到第三个步骤所需的时间不像前两个步骤那样对卫星数量和可见时间窗口的数量那样敏感,因为无论有多少卫星或可见时间窗口,在第三个步骤中每个任务只选择一个可见时间窗口。随着可见时间窗口的数量增加(例如,在图 4.5(d)中),第一个和第二个步骤所需的时间比第三个步骤的时间增加得快。

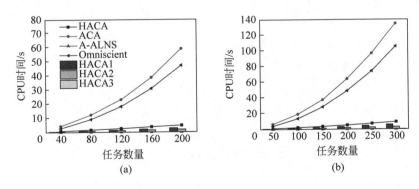

图 4.5　不同任务数量下的 CPU 时间

(a) 24h-大-2;(b) 24h-大-3;(c) 24h-大-4;(d) 24h-小-2;(e) 24h-中-2;
(f) 24h-大-2;(g) 12h-大-3;(h) 24h-大-3;(i) 36h-大-3

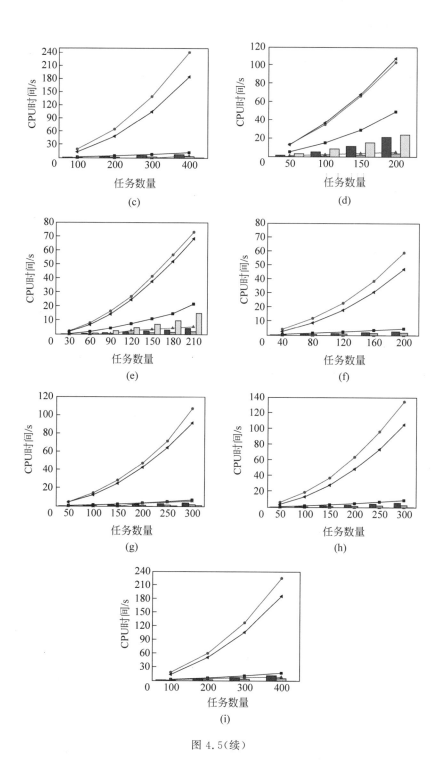

图 4.5(续)

　　接下来比较这些算法的任务完成率和收益率。所有 36 个场景的详细结果列在附录 A 中。图 4.6 比较了各个算例的总收益，图 4.6 采用与图 4.5 相同的结构。

　　这些结果表明，HACA 可以在消耗更少的 CPU 时间的情况下，实现比其他方法（除 Omniscient 方法）更高的任务收益。HACA 的解质量非常接近理想的 Omniscient 方法。ACA 和 A-ALNS 算法具有考虑实时云层信息的 CRS 重调度方法，但 HACA 仍然可以超越它们。由于 CPU 时间过长，两种精确方法 HMIP 和 ACA-MIP 在求出最优解之前达到了计算时间限制，导致解质量比 HACA 差，而当算例规模增大时，它们的表现更差，这表明精确求解的 MIP 方法不适合此问题。需要注意的是，在图 4.6（d）和（e）中，缺少 HMIP 算法和 ACA-MIP 算法的一些结果，这是因为它们在规定的时间范围内没有找到任何可行解。当有更多任务时，传统的 ACA 表现更差。在图 4.6（d）中可以观察到，A-ALNS 算法的求解质量在部分算例上超过了 HACA，同时，从图 4.6 中可以看到的另一个事实是，当有更多任务时，HACA 结果与 Omniscient 方法之间的差距会增大。这表明当任务比较拥挤时，HACA 的求解性能会下降，这是因为基于单步 ACA 的 Omniscient 方法以及 A-ALNS 算法中的任务可以选择来自不同卫星的多个可见时间窗口，但 HACA 只有一个，即已经在第一个和第二个步骤中确定的可见时间窗口，如果可见时间窗口之间的重叠度很大，则 Omniscient 方法和 A-ALNS 方法比 HACA 在第三个步骤中找到更好的解的可能性更大。通过比较图 4.6（d），（e）和（f），还可以发现，当分布的区域变大时，HACA 和 Omniscient 方法的结果之间的差距变小，同时超过了 A-ALNS 算法。这也验证了上述结论，即当任务不太拥挤时，HACA 可以表现得更好。

　　图 4.7 分析了分层协同调度机制在不同的调度范围、卫星数量、区域大小和任务数量方面较传统 ACA 的优势。从图 4.7（a），（b）和（c）中可以看出，随着调度范围、卫星数量和区域范围面积大小的增加，分层协同调度机制的优势变得更加明显，且解搜索空间的规模成指数增长，HACA 可以将空间划分为更小的子空间并独立解决它们，当搜索空间太大时，传统的 ACA 表现不佳。但对于图 4.7（d），情况则不同：随着任务数量的增加，解空间增大，但可见时间窗口之间的重叠度也增加，这会给如上所述的单步 ACA 带来一定优势，因此，图 4.7（d）中没有显示出分层协同机制随着任务数量增加而增加的优势。

　　从图 4.7（c）中，可以观察到本算法性能对星座结构的依赖性。提出的算法的主要思想是通过将任务分配给不同的卫星和不同的轨道来分解问题，同时可以在卫星和轨道具有不同属性（例如，不同程度的重叠和云覆盖度）的前提下分配任务。当星座中的所有卫星具有相同的参数时，该算法的优点则无法体现，因为该算法无法找到任务的良好分配。图 4.7（c）显示了"小"算例的极端情况，其中 5 颗卫星都具有相同的轨道参数，根据图 4.7（c）可知，在这种情况下，所提出的算法的性能与单步 ACA 非常相似，这验证了上述观点。但是，这样的星座在现实中并不存在，观测星座中的卫星应具有不同的参数，以实现对地球表面的高覆盖率。因此，提出的算法在大多数情况下都是有效的。

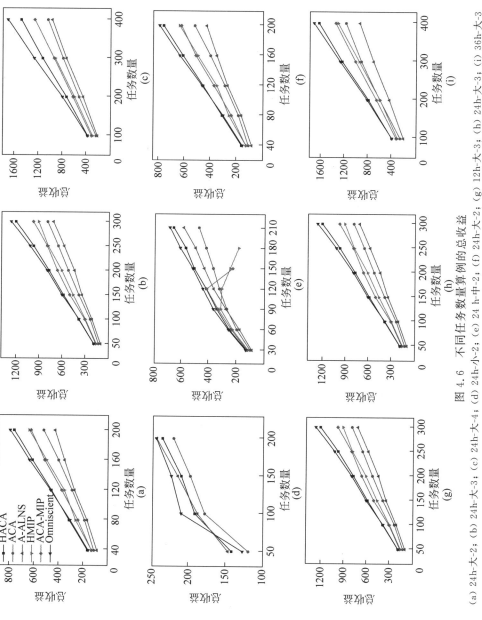

图 4.6　不同任务数量算例的总收益

(a) 24h-大-2; (b) 24h-大-3; (c) 24h-大-4; (d) 24h-小-2; (e) 24 h-中-2; (f) 24h-大-2; (g) 12h-大-3; (h) 24h-大-3; (i) 36h-大-3

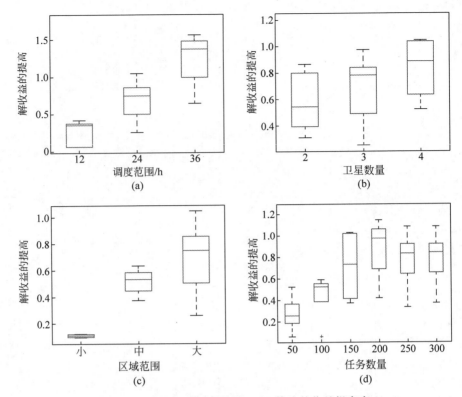

图 4.7   HACA 相对于单层 ACA 算法的收益提高率

（a）不同调度范围下解收益的提高；（b）不同卫星数量下解收益的提高；
（c）不同区域范围下解收益的提高；（d）不同任务数量下解收益的提高

综上所述，所提出的分层调度模型和算法在 CPU 时间和收益方面均优于传统的单层离线调度方法，尽管在传统方法中可以通过在线重调度过程来调整离线结果，但是所提出的 HACA 仍然提供了更好的结果。

4.4.3   关于分层式协同机制的讨论

在本节中，进一步讨论分层式协同调度机制的有效性以及该分层式协同机制与其他潜在方法的集成。

在 4.4.2 节中，可以观察到，在相同配置的情况下，HACA 和 Omniscient 算法的结果之间的差距随着任务数量的增多而逐渐增大（即在图 4.6 中）并且 HACA 在重叠度比较高时，仅略微优于 ACA。如果云层遮挡不是观测的主要限制（即云量不多或云层覆盖预测足够准确），HACA 的预分配和粗略调度步骤可能导致收益降低，因为它们限制了调度算法可以探索的解空间。

但值得指出的是，使用当前的技术，不可能获得 100% 准确的云量预测。同时，Omniscient 算法并不存在。一个完美的方法应该是离线找到全局最优解，根据云层预测情况最大化收益期望值,并使用良好的在线重调度算法重新安排所有失败的任务,星座中的所有卫星能够共享信息,并且可以在不同的卫星上重新调度任务而不产生重复的观测,然而,这要求卫星频繁地进行通信和重调度,对整个星座的通信和计算能力提出了很高的挑战。因此,需要在计算时间、通信负载与总收益之间寻找一个平衡。

本章提出的分层结构机制在现有条件下提供了一个现实的解决方案。在该方法的前两个步骤中,不仅考虑云信息,还最小化重叠程度以减少任务重叠的影响,所选卫星和可见时间窗口可以将由于比预期更多的云层而无法观测任务的可能性以及由于任务重叠而无法安排任务的可能性最小化。因此,前两个步骤的良好性能也保证了第三个步骤的良好性能。在实验中,使用来自 NASA SRB 的真实云层信息和文献中报告的真实云层预测准确度,结果表明,就解质量和 CPU 时间而言,提出的算法优于单步 ACA(即调度每个任务时考虑该任务的全部时间窗口)加 CRS 在线修复的两阶段调度方法,它表明,该分层结构可以较好地解决当前云层预测的不准确性所带来的观测失败问题。

下面讨论关于该分层机制与其他潜在方法的集成。尽管算例结果显示了 ACA 在所有这三个步骤中的卓越性能,但该分层机制和 ACA 实际上是分离的,因此可以考虑其他方法。

首先,精确求解方法不适合这个问题,虽然它们可以保证最优,由于复杂度过高,无法对现实中的算例进行有效求解。对于前两个步骤,最优化并不是必需的,因为这两个步骤只是第三个步骤的粗略准备,一种快速但有效的方法,如 ACA,即可满足要求;对于第三个步骤,最优化是有用的,但由于较低的星载计算能力和时间限制,最优化的实现十分困难。因此,本章使用 ACA 在可接受的时间内找到接近最优解的可行解。关于两种精确求解方法的不良表现见 4.4.2 节。

至于启发式方法与元启发式方法,选择 ACA 的原因是因为它在这个问题领域内表现出的优越性能,这与本章提出分层优化机制并将其与优化算法相结合的动机是一致的。ACA 只是其中一种选择,其他方法可能同样适合。在未来的工作中,可以尝试将此分层机制与其他方法集成,如第 3 章介绍的自适应大邻域搜索以及迭代局部搜索[25]等。

综上所述,提出的分层结构机制在当前条件下提供了一种解决方案,可以提高收益并减少计算时间,实验验证了分层机制及其与蚁群算法的集成的有效性,表明该方法在实际应用中的潜在价值。

4.5 本章小结

由于时变云层遮挡等不确定性,传统的离线调度方法所提供的解通常会受到影响,需要在线重调度过程实现对不确定性的响应,这意味着调度过程被执行了两次。同时,随着任务和卫星数量的增加,解空间变得太大,传统算法无法在可接受的时间内找到满意的解。

为了解决上述问题,本章介绍一种介于全在线与离线之间的、用于实时调度问题的分层式协同调度方法。利用云层预报的准确性随着预测提前时间的减少而提高的特性,该方法从一个简单的任务分配和粗略调度过程开始,随着任务观测开始时间的临近,对云层的预测准确性逐渐提高,逐步改善调度的精细度。本方法通过推迟调度时间,有效减少云层覆盖对观测的影响。仿真结果表明,该算法可以在多种任务分布方式、调度范围、任务数量和卫星数量的算例上,降低计算成本,提高解质量,解质量优于传统的包含离线调度和在线重调度的两阶段调度方法,特别是针对规模较大的算例。另外,精细调度仅在对云层的预测相对准确时进行,因此,它可以减轻环境中的不确定性变化对解的影响,并避免重复调度过程。与传统的离线调度和在线重调度方法相比,分层算法具有很大的优势。这项工作为在不确定环境中调度多个敏捷卫星提供了有用的工具。该框架和层次结构机制也可以应用于其他具有实时变化环境的大规模组合优化问题。

第5章

考虑紧急任务的多颗敏捷
卫星自主协同调度问题

第4章介绍了一种基于蚁群算法的多星分层式协同调度算法用于解决云层遮挡对卫星成像带来的影响,该方法属于一种集中式的调度方法,利用地面站统一计算完成后,再将任务分配到各个卫星进行执行。本章介绍一种多星分布式协同调度方法,目的是求解考虑紧急任务的多星自主调度问题。

除了第4章介绍的时变云层遮挡带来的不确定性,卫星系统在应用过程中经常遭遇的另一类不确定性事件是紧急任务,例如自然灾害、周边热点事件等,由于较大的时间和空间的不确定性,很难对这些紧急任务进行预测,因此要求卫星能够快速响应和处理。由于目前的观测任务计划通常在地面进行,规划周期从一天到几天不等,规划方案完成后,生成相应的控制命令,卫星严格按照计划实施地面观测,考虑到测控窗口的局限性,若发生紧急事件,传统的地面集中式调度方法需要等待测控窗口上传地面生成的调度方案,因此具有较差的时效性,而卫星星上的集中式调度则对星间信息传输链路以及星载计算能力有较高要求。一种理想的方式是,使每颗卫星具有自主决策能力,每颗卫星在线独立地完成分布式调度,并利用一种协同机制协调各卫星的观测调度方案。

现有常见的在线调度方法包括强化学习、模因算法、动态规划、基于滚动范围的方法、分支定价、启发式规则等,但这些方法中,没有考虑算法的运行时间[69-77],在某些问题上,这些计算时间可以忽略不计。例如,Ströhle 等人[72]研究了在不确定的资源条件下任务的重调度问题:在他们的设置中,任务的可见时间窗口长达数小时,而重调度时间为数十秒,因此影响较小。但是,在敏捷卫星调度问题上,计算时间难以被忽略。何永明[78]分析了进行卫星任务在线重调度的难度:任务的可见时间窗口通常很短,如果不及时完成重调度,可能会浪费部分观测机会;此外,卫星与地面之间的通信窗口有限,如果有紧急任务到达,计算通常在卫星上完成,但是,卫星的星载计算机性能通常仅为地面典型计算机性能的十分之一[68]。采用模因算法[79]和遗传算法[80]等方法需要数百秒至数小时才能完成重调度,其他精确求解的在线调度方法运行时间更长,难以满足此类问题的时间约束。

因此,卫星在线重调度等问题的挑战在于平衡求解质量和在线运行时间。对于对时效性要求很高的卫星在线调度问题,所采用的方法通常是贪婪且简单的[56,81]或者是实时(anytime)形式的[68,82],为了及时响应而牺牲一定的求解质量。同时,现有方法通常采用修复离线方案的方法进行重调度,因为这些方法可以节省一定的计算时间,同时可以保持解的稳定性[56,70,83,84]。进行完全重调度可能会实现更好的求解质量,但也需要更多的计算时间。

在线重调度的另一个难点在于多颗卫星之间以及卫星和地面之间的通信限制下多星的协同调度问题。使用集中式的协同方法,由于卫星和地面之间的通信窗口限制,在考虑紧急任务的随机到达问题中,会丧失大量的观测机会;另一种分布式协同,当前比较常见的方法包括多 Agent 的合同网架构[85,86]、利用信息素图的方式进行协同[87]等,但这些方法过度依赖频繁的星间通信,所消耗的成本较高。而 Skobelev 等人[88]采用的贪婪的搜索策略由于各卫星在决策时缺乏全局信息,生成的解之间容易存在冲突和重复观测,难以提高收益。

为了解决以上问题,本章介绍的方法采用一种新的星上重调度机制,能够兼顾在线计算时间与求解质量;同时,介绍一种分布式协同机制,使得多星在不进行星间通信的情况下,也能生成优势互补且互不冲突的调度方案。

5.1　问题描述

本章在第 4 章的问题基础上,进一步考虑一类难以预测的不确定性:紧急任务的随机到达。下面首先详细介绍问题内容,接下来分析该问题的特性,以便引出5.2 节的求解方法。

5.1.1　问题模型

由于在前面的章节中已经介绍过相似问题详细的数学模型,在这里不再给出,本节仅介绍问题具体包含的元素、调度目标以及约束条件。

该问题包含元组 $\langle T, S, H \rangle$,其中 T 为任务集合,S 为卫星集合,$H = \{1, 2, \cdots, H\}$ 为一个有限的调度区间(通常为 1 天),其中 H 为离散化的调度步长。

任务集合包括常规任务和紧急任务。T 中的每个任务 t_i 包含以下属性:$\langle g_i, d_i, a_i, W_i \rangle$,其中 g_i 为执行任务 t_i 的收益;$d_i \in H$ 是任务的处理时间,即用户规定的任务最短持续成像时间;$a_i \in H \vee a_i = 0$ 是任务的随机到达时间,对于常规任务,$a_i = 0$,而对于紧急任务,$a_i \in H$,紧急任务的调度只能在任务到达后才开始,同时计算时间应当考虑在内,即如果在紧急任务的窗口结束之前仍未完成调度,则紧急任务被视为放弃,紧急任务可能包括来自三个来源:用户提交的新任务,卫星自主发现的新任务(例如火山活动等自然灾害),由于云层遮挡、卫星故障等不确定性

导致的失败的任务；W_i 是任务 t_i 的可见时间窗口集合，$W_i = \{\langle s_1, b_1, e_1\rangle, \cdots,$ $\langle s_{|S|}, b_{|W_i|}, e_{|W_i|}\rangle\}$，包含 $|W_i|$ 个可见时间窗口，每个窗口由其属于的卫星 $s \in S$、可见时间窗口的开始时间与结束时间 $b, e \in H$ 指定。

该问题的解可以表示为 $\{\text{Sol}_1, \text{Sol}_2, \cdots, \text{Sol}_S\}$，卫星 $s \in S$ 的解 Sol_s 表示为 $\text{Sol}_s = \{\text{Sol}_s^1, \text{Sol}_s^2, \cdots, \text{Sol}_s^H\}$，它定义了每个时刻的解。调度目标是最大化所有成功调度的任务的总收益。

可行解应满足以下约束条件：

- 每个任务只能在其中一颗卫星的一个可见时间窗口内进行观测，多次观测仅记录一次收益，因此应当避免重复观测；
- 在任何时刻，一颗卫星至多只能观测一个任务，暂不考虑 Wu 等人[38] 提到的任务合并观测方式；
- 在同一卫星上的任意两个相邻任务之间，存在与带有时间依赖的姿态转换约束。

该问题未考虑星上存储容量约束与电量约束，未考虑任务的下载。

5.1.2　问题特性分析

在线重调度问题的一个挑战是，如何兼顾求解质量以及在线运行时间。当前在解决对于对时效性要求较高的在线调度问题时，通常采取贪婪和简单启发式规则方法，求解质量难以保证，而对于该星上在线重调度的问题，由于任务较短的可见时间窗口以及十分有限的星上计算资源，问题变得更加困难。

本章的研究目标是：利用星上有限的计算资源，在较短的计算时间下，求得与地面离线规划方案解质量接近的解。在这样的限制下，传统精确求解方法诸如混合整数规划和以及复杂的启发式方法，包括遗传算法等是不合适的；利用算法在星上进行完整的重新调度可能会得到较高的解收益，但同时也会消耗太多时间。

为了解决该问题，本章提出的思想是将复杂的在线调度过程转移到地面的离线调度中，核心方法是利用地面的强大计算能力，生成多个可行解，从而包含单个最优解所无法包含的调度方案外的任务的可行调度情况。

当前现有的重调度算法中，均未考虑未调度的任务的信息，然而这是一部分可以利用的重要信息，下面举一个例子进行说明：在图 5.1 中，卫星只能从任务 5~8 或任务 1~4 中选择，假设任务 5~8 的收益更高，所以在地面调度时，会选择任务 5~8 的方案为最优方案。然而，如果在执行过程中，一个具有非常高收益的紧急任务 9 被提交，在不取消当前解中任务的前提下，任务 9 将无法插入。此外，如果紧急任务 9 在卫星即将完成观测任务 5 时到达，在地面上的重新调度将不够及时。但如果在这种情况下，卫星保留任务 1~4 这个比最优解稍差的解，当插入任务 9 之后，解的收益将超过当前的最优解，卫星则可以快速地生成一个新的最优解，而无需在星上进行一系列的调度计算（例如，寻找并比较多种任务 1~9 的排列的收益）。

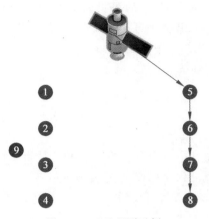

图 5.1   卫星观测示例

5.2   基于多解合成的多星星上分布式协同重调度算法

本节首先介绍这个算法的求解框架,接下来介绍框架中各个部分的具体方法。

5.2.1   星上分布式协同重调度算法框架

这个重调度的算法框架如图 5.2 所示。首先在地面生成离线方案,区别于传统调度方法,在本框架中,生成多个可行调度方案;生成多个调度方案后,将方案发送给解训练器,目的是训练一套最优策略,用于指导卫星在线运行中,遇到不同的不确定性事件时,如何做出选择;将多个可行解与训练好的最优策略上传给卫星,卫星按照计划执行当前选择的方案;若发生不确定性事件,则使用评估器

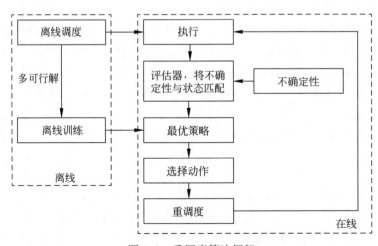

图 5.2   重调度算法框架

(evaluator)对不确定性事件进行评估,将当前发生的不确定性事件与事先训练好最优策略的某一个状态进行匹配;卫星在得知当前的不确定性状态后,即可根据最优策略选择一个应对方案,更改当前执行的可行解,重调度过程完成。

从上述的求解框架介绍中可以看出,在星上进行的计算只有使用评估器进行对不确定性事件进行评估,以及根据当前状态完成对动作的选择两步操作,因此,采用此框架对任务进行重调度,将在较短的时间内获得一个收益较高的解。由于最复杂的带有时间依赖的调度(如第 2 章介绍的问题)已经被转移至地面进行,星上求解的复杂度被降低。

5.2.2 多可行解生成

生成多个可行解的基本方法采用了第 2 章提出的 ALNS/TPF 算法和第 3 章提出的 A-ALNS 方法,具体生成步骤如下:

步骤 1:利用 A-ALNS 算法生成一个质量较好的起始解;

步骤 2:将被成功调度的任务分配给相应的卫星;

步骤 3:将未成功调度的任务分配给全部卫星;

步骤 4:对于每颗卫星上的新的任务集合,使用 ALNS/TPF 算法,求解新的可行解,求解过程中,保存 $n-1$ 个收益最高的可行解。

图 5.3 展示了一个生成多个备用解的过程示意图,其中步骤 2 和 3 被省略。在步骤 1 中,使用 A-ALNS 算法生成一个较优的起始解。注意,该"起始解"的定义与常见启发式方法中的"初始解"有所不同,该起始解是使用第 3 章介绍的 A-ALNS 算法找到的最佳解,它的目的是将任务分配至不同的卫星,再使用单星算法在每颗卫星的任务集合上生成多个可行解,实现对解空间的有效覆盖。但需要考虑的一个问题是,多颗卫星的多个可行解之间可能会存在观测同一任务的情况,重复的观测会导致收益降低。为了避免这种情况,本方法仅会将 A-ALNS 算法中未被调度的任务分配至不同卫星,其他 A-ALNS 算法成功调度的任务,仅在其选择的卫星上执行,在后续的重调度中不会改变执行卫星。图 5.3 的步骤 4 中,未被调

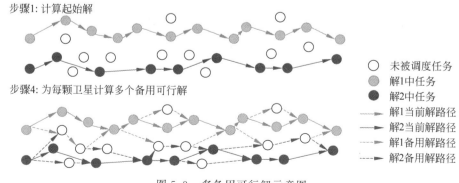

图 5.3 多备用可行解示意图

度的任务被分配至不同卫星,每颗卫星上的任务集合改变,此时利用 ALNS/TPF 方法对新的任务集合进行求解,并保留求解过程中收益最高的 $n-1$ 个可行解。最终,在每颗卫星上,共生成了 n 个可行解。这些可行解中,除了 A-ALNS 算法未调度的任务外,其他任务之间不会存在重复观测。

5.2.3   多星分布式协同算法

当前已经为每颗卫星生成了多个备份可行解。当紧急任务到来时,在线评估器将检查紧急任务是否可以插入每个可行解,这个过程采用 2.2.5 节中介绍的快速插入方法,快速判断每个任务是否可以插入。然后,每颗卫星决定它们将选择哪个可行解来执行该紧急任务。但由于未调度的任务可以存在多个可行解中,每颗卫星选择的可行解可能包含已由其他卫星观测的某些任务。为了能够协调多颗卫星选择的可行解,本章共提出三种协同方式。

5.2.3.1   贪婪选择机制(greedy selection strategy,GS)

这是最简单的选择机制。每颗卫星仅记录自身多个可行解,当紧急任务到达时,每颗卫星调用评估器,评估紧急任务插入到每个可行解上的收益,选择收益最高的执行。该方法能够快速选择一个可行解,但难以避免同一任务被多颗卫星同时观测的情况。

5.2.3.2   基于多 Agent 马尔可夫决策过程的最优协同策略机制

(multi-agent Markov decision process optimal policy strategy,MMDPOP)

若假设每颗卫星为一个 Agent,则多颗卫星可以构成一个多 Agent 系统。

解决重复观测的一种方法是采用如合同网[89]等多 Agent 沟通方法,协调各个卫星的决策,以防止重复,但是这种需要实时信息沟通的方法具有较高的应用成本。另一种方案是,每个 Agent 记录并跟踪其他卫星当前的状态,通过离线计算的每种状态组合对应的最优可行解选择策略,可以在较少沟通的情况下快速选择可行解,并避免重复。然而,由于每个卫星包含多个可以选择的可行解,其组合状态的联合矩阵规模会随着 Agent 数量和可行解数量的增加而急剧增大,导致无法计算出有效的选择策略。这种情况如图 5.4(a)所示,每个 Agent 都需要考虑其他所有 Agent 的联合状态。为了解决此问题,可参考 De Nijs 等人[90],使用多 Agent 的约束来对 Agent 之间的联合状态进行解耦,如图 5.4(b)所示,具体使用方法如下:

为了描述解之间的约束,引入一个中间变量 $P_i(t,a)$,定义如下:

$$P_i(t,a) = \begin{cases} 1, & \text{如果任务 } t \text{ 在 Agent } i \text{ 的解 } a \text{ 里} \\ 0, & \text{否则} \end{cases} \tag{5.1}$$

下面定义该模型的其他变量:

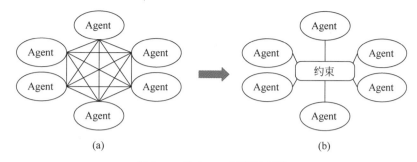

图 5.4　多 Agent 解耦示意图

（a）多 Agent 的联合状态；（b）使用多 Agent 的约束解耦

I：Agent 的集合，每个 Agent 表示 1 颗卫星。

A_i：Agent i 的动作空间。Agent i 的动作空间可以用一个 $2 \times n$ 的矩阵表示，其中，矩阵的行编号 1 或 2 表示是否执行紧急任务；矩阵的列编号表示是否选择某一个可行解，因此，可选的动作为数量为 $2n$；

S_i：Agent i 的状态空间。Agent i 的状态空间使用一个 $n \times (n+1)$ 的矩阵表示，矩阵的行编号表示当前执行的解；矩阵的列编号中，前 n 列表示当前的紧急任务能够插入的最好的解，最后一列 $(n+1)$ 表示紧急任务无法插入到任何一个解中。

$T_i(s,a,s')$：Agent i 的状态转移矩阵，表示 Agent i 在状态为 s 时，执行动作 a，状态转移到 s' 的概率。

$R_i(s,a)$：Agent i 的收益矩阵，表示 Agent i 在状态为 s 时，执行动作 a 的收益，收益的值等于可行解的收益值。但为了鼓励 Agent 选择评估器所给出的最优解，当 Agent 选择评估器给出的解时，Agent 的收益须加上 10。

$x_{hsa}^i \in [0,1]$：决策变量，代表 Agent i 在第 h 次决策，状态为 s 时，执行动作 a 的概率。

H：规划周期内进行决策的总次数，$h \in \{1,2,\cdots,H\}$，表示规划周期内一次决策的编号，每到达一个紧急任务进行一次决策。

M：对于一个任务，观测的最大次数，该方法使用这个值限制重复观测次数。

将该多 Agent 马尔可夫决策过程（Multi-agent Markov decision process，MMDP）构建为一个线性规划（Linear programming，LP）模型[91]，该模型的定义如下：

$$\max \sum_{i=I}^{n} \sum_{h=1}^{H} \sum_{s \in S_i} \sum_{a \in A_i} x_{hsa}^i \cdot R_i(s,a) \tag{5.2}$$

s. t.

$$\sum_{a \in A_i} x_{(h+1)s'a}^i = \sum_{s \in S_i} \sum_{a \in A_i} x_{hsa}^i \cdot T_i(s,a,s'), \quad \forall i,h,s' \in S_i \tag{5.3}$$

$$\sum_{a \in A_i} x_{1sa}^i = T_{1i}(s), \quad \forall i,s \in S_i \tag{5.4}$$

$$\sum_{i=I}^{n} \sum_{s \in S_i} \sum_{a \in A_i, a\%2=0} x_{h,s,a}^i \leqslant M, \quad \forall h \tag{5.5}$$

$$\sum_{i=1}^{n}\sum_{s\in S_i}\sum_{a\in A_i} x_{hsa}^i P_i(t,a) \leqslant M, \quad \forall h, t \in T \tag{5.6}$$

$$\sum_{i=1}^{n}\sum_{s\in S_i, s\%(n+1)}\sum_{a\in A_i, a\%2=0} x_{hsa}^i = 0, \quad \forall h \tag{5.7}$$

$$0 \leqslant x_{hsa}^i \leqslant 1, \quad \forall i, h, s, a \tag{5.8}$$

其中,目标函数(5.2)最大化全部动作的收益之和;约束(5.3)和约束(5.4)是维持状态转移概率的约束,其中 $T_{1i}(s)$ 代表初始状态概率;约束(5.5)和约束(5.6)确保卫星不会进行重复观测,其中约束(5.5)限制的是对于紧急任务的观测次数,而约束(5.6)限制的是对于每个普通任务的观测次数;约束(5.7)代表在紧急任务无法插入时,Agent 不会选择观测紧急任务;约束(5.8)表示的是决策变量的取值范围。

该 MMDP 模型要求每个 Agent 能够在不保留其他 Agent 的可行解信息、同时不依赖频繁的信息交互的情况下独立地做出决策。但随着决策步数的增长,各个 Agent 对于其他 Agent 的决策推理的准确率会下降。因此,如果引入一个周期性的沟通机制,让 Agent 之间可以获取到准确的状态信息,做出决策的准确率可以提高。在通信时,地面站收集来自卫星的信息,并在下一个通信阶段之前计算卫星的新的最优策略。令 $\hat{H} < H$,表示沟通的周期,即每 $\hat{H}$ 次决策后进行一次沟通,h_{com} 为进行沟通时决策的编号,s_{com} 为沟通时的准确状态信息,则上述的目标函数替换为

$$\max \sum_{i=1}^{n}\sum_{h=h_{com}}^{\min(h_{com}+\hat{H}, H)}\sum_{s\in S_i}\sum_{a\in A_i} x_{hsa}^i \cdot R_i(s,a) \tag{5.9}$$

约束(5.4)则替换改为符合当前的状态:

$$\sum_{a\in A_i} x_{h_{com}s_{com}a}^i = 1, \quad \forall i \tag{5.10}$$

5.2.3.3 基于混合整数规划的最优选择机制(mixed integer programming selection strategy,MIPS)

5.2.3.2 节中介绍的 MMDPOP 方法最大的弊端是需要各 Agent 能够在不了解其他 Agent 的决策的情况下进行自主决策,导致收益会随着时间的推移而无法避免的下降。如果每个 Agent 能够记录其他 Agent 的解,并采用一种确定性的方法更新信息,则多 Agent 能够在不进行沟通的情况下保持较高的收益。在本节中,介绍一种基于混合整数规划的最优选择机制。

该 MIP 模型包含以下变量:

A_i:Agent i 的动作空间。Agent i 共包含 n 个可选动作,分别对应 n 个备用可行解;

$P_i(t,a)$:与 5.2.3.2 节定义的中间变量相同,代表执行动作 a(即选择可行解 a)时,任务 t 是否被执行;

$R_i(a)$：Agent i 的收益矩阵，代表 Agent i 执行动作 a 的收益，即可行解 a 对应的收益值。在此不包含状态，因为该 MIP 在每一步都被调用，对应的都是当前状态。

$x_{ia} \in \{0,1\}$：决策变量，代表 Agent i 在是否选择动作 a。

模型定义为：

$$\max \sum_a \sum_i x_{ia} R_i(a) - \sum_t \max\left(0, \sum_a \sum_i x_{ia} P_i(t,a) - 1\right) g_t \quad (5.11)$$

s.t.

$$\sum_a x_{ia} = 1, \quad \forall i \quad\quad\quad (5.12)$$

$$x_{ia} \in \{0,1\}, \quad \forall i,a \quad\quad\quad (5.13)$$

其中，在目标函数(5.11)中，g_t 代表的是任务 t 的收益值。目标函数的前半部分的目标是最大化全部所选择的解的收益之和；后半部分表示全部重复观测的任务的收益被减去。约束(5.12)表示在决策时每个 Agent 只能选择一个可行解。约束(5.13)显示了决策变量的取值范围。

为了保证各个 Agent 的决策同步，每个 Agent 必须记录其他 Agent 的可行解的信息，这会消耗部分存储资源。同时，与 MMDPOP 方法不同，该方法要求每一次决策时都重新调用 MIP 模型进行求解，而 MMDPOP 仅在卫星每次沟通时进行一次求解，因此效率会更高。但尽管如此，该基于 MIP 最优策略选择的效率仍然高于传统在线重调度方法。因为传统方法在线解决调度问题，需要考虑的约束与变量的数量远高于该 MIP 问题。本节提出的在线重调度算法框架相当于将调度问题最复杂的部分转移到地面生成多个可行解的部分，而在星上仅需求解紧急任务插入与可行解的选择这两个简单问题，提高了在线求解的效率。

5.3　实验分析

算法使用 C# 语言编写，使用 Intel Core i5-3470 3.20GHz CPU，8GB 内存进行实验，运行环境为 64 位 Windows 7 系统。LP 和 MIP 模型采用 IBM ILOG CPLEX 12.8 求解。本节首先采用一个小型算例展示提出的算法框架的特点，随后设计并生成了多个算例以评估所提算法的有效性。

5.3.1　小型算例示例

为了体现出本章提出的算法框架的优势，本节设计了如图 5.1 所示的小型算例，同时编写了一套仿真系统，用于展示该算法。

图 5.5 展示了该仿真系统的主界面，界面中的表格展示了该算例。算例中共包含 1～9 个任务，其中任务 1～8 为普通任务，任务 9 为紧急任务，离线调度阶段中不包含任务 9。因此，采用离线调度时，会产生如图 5.6 所示的调度结果，即仅包

含任务 5～8。而采用全知算法(Omniscient,即算法在离线阶段已经获取到全部不确定信息),则会得到如图 5.7 所示的调度结果,即任务 1～4 的收益,加上紧急任务 9 的收益会高于任务 5～8 的收益。采用本章提出的算法框架,将产生两个备用可行解,即任务 1～4 与任务 5～8。

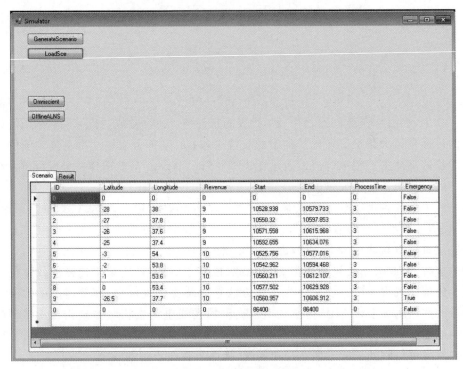

图 5.5　算例构成

图 5.6　离线 A-ALNS算法调度结果

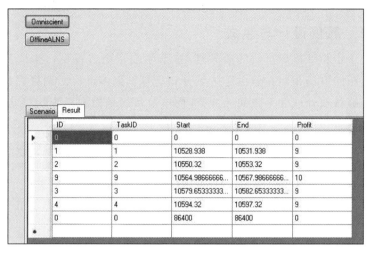

图5.7　全知算法调度结果

　　下面进行在线仿真,假设紧急任务在02:55:28时到达。图5.8展示了四种不同应对方法时,星上执行任务的结果。从图中可以看到,传统基于单个可行解修复的方法(如图5.8(b)所示),无法将紧急任务插入,因此只能执行任务5～8。但采用了本章提出的基于多个备用可行解的方案(如图5.8(c)所示),迅速将当前解转换为任务1～4,并将紧急任务9成功插入,得到了与全知算法(如图5.8(d)所示)相同的收益值。

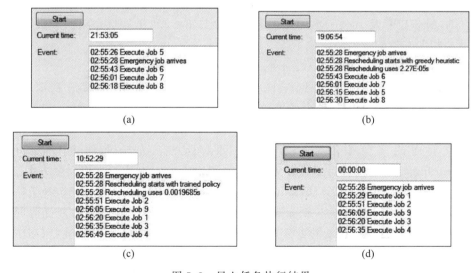

图5.8　星上任务执行结果
(a)不采取任何重调度操作;(b)采用传统单解修复策略;
(c)采用多备用解算法框架;(d)采用全知算法

5.3.2 算例设计与生成

为了进一步验证提出算法的有效性,本节生成了更多算例。生成算例的方法与 2.3 节介绍的方法相似。但由于区域分布型算例更多是检测调度算法在调度任务时是否能够有效处理任务之间的冲突,而本节目的是检测算法的协同能力,因此不再生成区域分布型算例。在全球分布的算例中,共包含 12 个算例,任务数量从 100~400 不等,增量步长为 100,分别包含 1~3 颗卫星。

为了使算例包含紧急任务,从每个算例中随机选择 20% 的任务作为紧急任务,当任务数量大于 200 时,仅选择 40 个任务作为紧急任务。

测试算例的调度时间范围从 2017/04/20 00:00:00—2017/04/20 24:00:00,在此时间段内,每颗卫星包含 15~16 条轨道。卫星的 6 个轨道参数分别是半长轴(a)、偏心率(e)、倾角(i)、近地点角(ω)、升交点赤经(RAAN)和真近点角(m)。本章使用的所有 3 颗卫星的初始轨道参数如表 5.1 所示。

表 5.1 卫星轨道参数

卫星	a	e	i	ω	RAAN	m
卫星 1	7200000	0.000627	96.576	0	175.72	0.075
卫星 2	7200000	0.000627	96.576	0	145.72	30.075
卫星 3	7200000	0.000627	96.576	0	115.72	60.075

ALNS/TPF 及 A-ALNS 算法的参数分别与第 2 章、第 3 章介绍的参数相同,本章介绍的其他参数值固定如下:

- 生成备用可行解的个数:$n=5$;
- MMDPOP 方法规划周期:$H=40$,每到达一个紧急任务进行一次规划,因此规划周期的长度应大于紧急任务的数量;
- MMDPOP 方法每次决策对应一个任务的观测限制:$M=2$。

在下面的实验中,共比较了以下四种方法:完全重调度算法(full rescheduling,FR):每次有新任务到达时,都调用 A-ALNS 重新生成调度方案;基于单个可行解的在线修复算法(single-solution repair,SSR);基于贪婪选择策略的重调度方法(GS,见 5.2.3.1 节);基于多 Agent 马尔可夫决策过程的最优协同策略机制(MMDPOP,见 5.2.3.2 节);基于混合整数规划的最优选择机制(MIPS,见 5.2.3.3 节)。需要指出的是,本节的实验目的是验证提出的多可行解机制的有效性,同时比较多种多星协同机制的性能,因此在这里的星上重调度方法采用了一种简单的插入策略:即使用 2.2.5 节中的快速插入策略,快速判断任务插入的可行性,若无法插入,则放弃任务,不考虑取消已成功调度的任务。

5.3.3 实验结果分析

以下实验中,每个算例运行 10 次,图 5.9～图 5.13 和表 5.2 的结果是 10 次运行的平均值。

图 5.9 展示了卫星数量为 1 时不同算法的重调度情况。在卫星数量为 1 时,MIPS 算法和 GS 算法相同,因此算法收益几乎相同。MMDPOP 算法由于 Agent 有时会保守地选择不观测紧急任务,收益相对其他两个算法会略低。而 SSR 算法由于仅包含单个可行解,当任务数量增大时,紧急任务插入的概率降低,但由于没有其他可行解代替,其收益与其他算法的差距逐渐增大,这也验证了本章提出的采用备用可行解的算法框架的有效性。FR 算法由于在紧急任务到达时,完全对算例进行重调度,因此具有更大的自由度,理论上若给予充足的计算时间,应当拥有最高的收益值。但可以观察到,FR 算法仅在任务为 100 和 200 时展现出优势,而对于任务为 300 和 400 的大规模算例,生成多个可行解并合成的收益值超过了在单个解上搜索的收益值。需要指出的是,采用 FR 算法的计算时间小于其他算法的

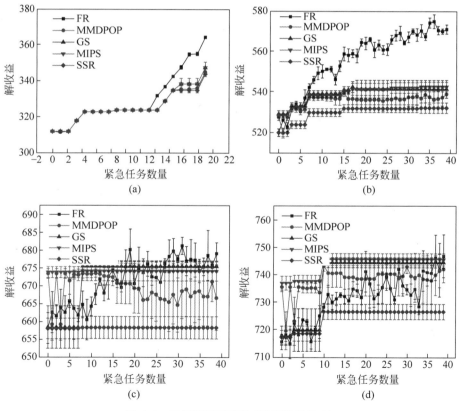

图 5.9 重调度结果对比(卫星数量为 1)

(a) 100 任务;(b) 200 任务;(c) 300 任务;(d) 400 任务

离线计算时间,因为其他算法需要计算多个可行解,搜索了更多的解空间,同时,FR 算法属于一种集中式重调度方法,属于一种理想化的方法,要求每次紧急任务到达时对全部卫星上的任务进行重调度,这对卫星的测控和通信系统提出了极大要求,在当前的技术条件下并不适用。

在卫星数量为 2 时(如图 5.10 所示),由于能被观测的任务数量增多,单颗卫星上可以插入紧急任务的空间较大,因此 SSR 算法的表现相对于只有单颗卫星时更好,而这种情况也在卫星数量为 3 时(如图 5.11 所示)更加明显,甚至在规模较小算例上超过了 MMDPOP 算法。MIPS 算法相对于其他算法的优势,尤其是相对于 GS 的优势,在卫星数量较多时体现得较为明显,可以看到,在图 5.10(d)和图 5.11(d)中,MIPS 算法的表现远超 GS 算法,甚至超过了 FR 算法,这说明提出的基于 MIP 最优选择机制的有效性,但 MIPS 算法的弊端是,需要在紧急任务到达时,每颗卫星上都进行任务插入和 MIP 求解操作,在线的计算时间较长。MMDPOP 算法尽管无需重新求解最优策略,但其收益值并未明显优于 GS 算法,仅在任务数量和卫星数量较大时,体现出一定优势。由于 GS 算法属于贪婪的选择可行解,当任务数量和卫星数量增加时,可行解之间的重复率提高,此时使用MMDPOP 算法训练的最优策略可以在一定程度上防止重复观测,因此表现更好。

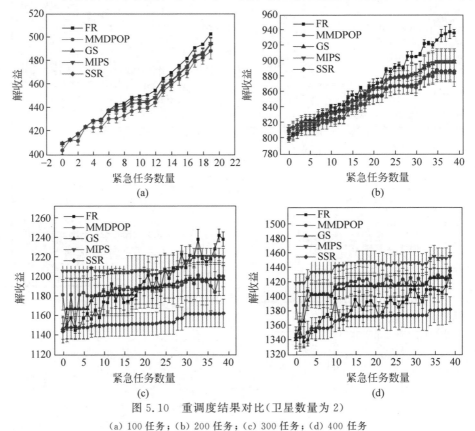

图 5.10　重调度结果对比(卫星数量为 2)

(a) 100 任务;(b) 200 任务;(c) 300 任务;(d) 400 任务

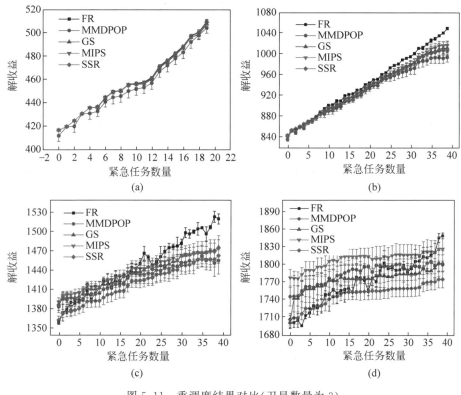

图 5.11　重调度结果对比（卫星数量为 3）
（a）100 任务；（b）200 任务；（c）300 任务；（d）400 任务

各个算法在不同算例上进行一次在线重调度所使用的平均时间如表 5.2 所示，其中 FR 算法由于是完全重调度，消耗的时间最长；而 MMDPOP 算法、GS 算法、SSR 算法由于仅在在线阶段插入并根据训练好的策略选择解，因此计算时间很短；MIPS 算法由于需要在线求解 MIP 模型，消耗时间相对更长。根据文献[68]和文献[92]中的数据，星载计算机通常比地面常规的计算机慢 10～1000 倍。即使按照 1000 倍计算，MIPS 算法最长的重调度时间为 46s，仍在可以接受的范围，而 FR 算法则最长消耗 10744.4s，近 3h。显然，FR 算法尽管拥有最好的解质量，但由于其要求卫星与地面间的实时通信，同时计算时间过长，不适合求解该问题。

图 5.12 展示了不同备用可行解数量对解的收益的影响。图中展示的是 2 颗卫星，200 个任务算例中 MIPS 算法的收益和计算时间。从图 5.12（a）中可以看出，随着可行解数量的增加，解的收益也不断提高，但在线求解的时间也变得更长（如图 5.12（b）所示）。由于本章使用的在线修复算法仅考虑任务的插入，未考虑已经安排任务的删除，因此当保留备用可行解增加时，收益较低但插入空间较大的可行解也被保留，可以在在线重调度中插入更多的解。

表 5.2　　重调度在线平均计算时间对比　　　　　　　　　s

卫星数量	任务数量	FR	MMDPOP	GS	MIPS	SSR
1	100	1.6698	<0.0001	<0.0001	0.0082	<0.0001
1	200	4.0864	<0.0001	<0.0001	0.0134	<0.0001
1	300	7.0089	<0.0001	<0.0001	0.0174	<0.0001
1	400	9.9342	<0.0001	<0.0001	0.0238	<0.0001
2	100	1.4958	<0.0001	<0.0001	0.0087	<0.0001
2	200	3.9623	0.0001	0.0001	0.0171	<0.0001
2	300	7.2068	0.0001	0.0001	0.0280	0.0001
2	400	10.7444	0.0001	0.0001	0.0379	0.0001
3	100	1.4547	0.0001	0.0001	0.0086	<0.0001
3	200	3.5889	0.0001	0.0001	0.0183	0.0001
3	300	6.6247	0.0001	0.0001	0.0295	0.0001
3	400	10.1203	0.0002	0.0002	0.0460	0.0001
平均值		5.6507	0.0001	0.0001	0.0239	0.0001

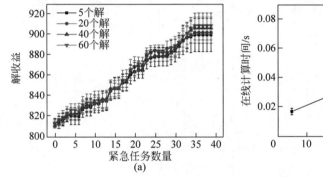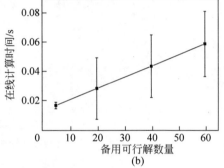

图 5.12　不同备用可行解数量对求解质量的影响

(a) 解收益; (b) 在线求解时间

5.2.3 节介绍了 MMDPOP 方法可以通过间断性通信的方式提高训练最优策略的准确度。图 5.13 展示了不同通信次数对求解质量的影响,可以看出随着通信次数的提高,解的质量也逐渐提高。

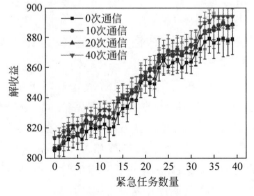

图 5.13　不同通信次数对求解质量的影响

5.4　本章小结

本章介绍了考虑紧急任务的多星分布式自主协同调度问题。由于星上计算能力和时间的限制,当前常见的在线重调度方法在求解这一类问题时,通常采用简单的贪婪算法,为了及时响应而牺牲一定的求解质量。为了更好地解决该问题,提出了一种基于多解合成的重调度框架,能够利用地面强大的计算能力,生成多个可行解,将复杂的星上调度问题转换为可行解的选择问题,使得星上利用较短时间取得不差于地面的求解质量成为可能;提出了基于多 Agent 马尔可夫决策过程(MMDP)以及混合整数规划(MIP)的多星分布式协同策略,这些方法使得卫星能够在运行中独立决策、生成优势互补而互不冲突的解。与传统集中式协同方法相比,该分布式协同方法降低了星间通信成本,提高了自主卫星对紧急任务的响应速度。

同时,通过多组仿真实验,验证了本章提出的多解合成框架以及分布式协同策略对于星上重调度问题的有效性。实验发现,基于 MMDP 的最优协同策略机制计算时间较短,求解质量较差,但其求解质量可以通过定期通信并训练更准确的最优协同策略得到提高;而基于 MIP 的最优选择机制需要更长的在线计算时间,但其解质量较好,在一些大规模算例上,求解质量超过了完全重调度方法。

第6章

总结与展望

近年来,我国遥感卫星载荷能力的快速发展、卫星平台的机动能力的提高以及遥感应用的不断拓展,给对地观测系统带来了许多新的挑战。随着"遥感 20 号"卫星的成功在轨应用,越来越多的敏捷卫星(星座)将被投入使用,如何高效地调度带有时间依赖特性的敏捷卫星、协同调度多颗敏捷卫星、实现敏捷卫星星上自主任务协同,最大化发挥敏捷卫星的观测效能,成为一项值得研究的问题。

本书针对带有时间依赖特性的敏捷卫星调度、多星协同以及不确定性动态环境下的敏捷卫星调度等问题展开研究,主要工作总结如下:

(1) 研究了带有时间依赖特征的多轨道单颗敏捷对地观测卫星调度问题。首次提出包含时间依赖姿态转换时间与能量约束的混合整数线性规划(MILP)模型,以及一种混合自适应大邻域搜索算法(ALNS)和禁忌搜索算法(TS)的新型启发式方法。该方法中同时包含一种随机通用邻域算子、一种部分序列支配的启发式方法,以及一种快速插入策略。在敏捷卫星领域的大量实验结果表明,与当前最先进的元启发式方法相比,提出的 ALNS/TPF 算法能够在更短的时间内生成更高质量的解。为了进一步验证提出的算法的通用性与搜索能力,同时选择两个不同问题领域的标准测试算例对算法的性能进行测试。结果表明 ALNS/TPF 的表现同样超过了当前最先进的方法。

(2) 研究了带有时间依赖的多颗敏捷卫星协同调度问题,并提出了一种自适应任务分配的大邻域搜索(A-ALNS)启发式算法对问题进行求解。为了解决任务分配问题,提高算法效率,提出一种自适应任务分配方案,其中包括 5 种启发式任务分配方法,主要思想是如果解质量在多次迭代中没有提高,则触发分配操作,调用不同分配算子将任务重新分配给不同的卫星。而分配算子的选择基于算子在过去调度中的表现,因此算法可以根据算例的不同特性,自适应地选择表现更好的算子,有效地应对具有更多不同特性的问题。

(3) 研究了考虑时变云层遮挡的多颗敏捷卫星协同调度问题。由于时变云层遮挡等不确定性,传统的离线调度方法所提供的解通常会受到影响,需要在线重调度过程实现对不确定性的响应,这意味着调度过程被执行了两次。同时,随着任务和卫星数量的增加,解空间变得太大,传统算法无法在可接受的时间内找到满意的解。为了解决上述问题,提出一种介于全在线与离线之间的、用于实时调度问题的分层式协同调度方法。利用云层预报的准确性随着预测提前时间的减少而提高的特性,该方法从一个简单的任务分配和粗略调度过程开始,随着任务观测开始时间的临近,对云层的预测准确性逐渐提高,逐步改善调度的精细度。本方法通过推迟调度时间,有效减少云层覆盖对观测的影响。

(4) 研究了考虑紧急任务的多星分布式自主协同调度问题。由于星上计算能力和时间的限制,当前常见的在线重调度方法在求解这一类问题时,通常采用简单的贪婪算法,为了及时响应而牺牲一定的求解质量。为了更好地解决该问题,提出了一种基于多解合成的多星星上协同重调度框架,能够利用地面强大的计算能力,生成多个可行解,将复杂的星上调度问题转换为一个简单的可行解选择问题,使得星上利用较短时间取得不差于地面的求解质量成为可能;提出了基于多 Agent 马尔可夫决策过程(MMDP)以及混合整数规划(MIP)的多星分布式协同策略,这些方法使得卫星能够在运行中独立决策、生成优势互补而互不冲突的解。与传统集中式协同方法相比,该分布式协同方法降低了星间通信成本,提高了自主卫星对紧急任务的响应速度。

虽然本书的研究取得了一定的阶段性成果,但敏捷卫星的调度问题属于一个复杂的系统性问题,仍然存在大量可以进一步深入研究的问题,主要包括以下几个方面:

(1) 构建能够同时考虑多种问题的统一调度框架

在现实应用中,多星协同调度、云层不确定性、紧急任务不确定性等问题特征是同时存在的。本书分别针对考虑时变云层遮挡的多星协同问题和考虑紧急任务的多星协同问题构建了求解模型,两者结合考虑是一个值得研究的问题:可以尝试使用前者定义的任务分配方法将任务分配至各卫星及轨道,并根据后者定义的框架生成多个可行解,使得生成的多个可行解同时具备面向云层遮挡及紧急任务的鲁棒性。

(2) 同时考虑任务观测与任务回传

本书中所提出的方法均只考虑了观测任务,针对星上的存储约束也做了一定程度的简化,然而,在实际应用中,任务的回传也是任务调度流程中极为重要的一个环节。同时考虑观测和回传的调度问题与流水车间双机调度问题相似,可以将任务的观测和回传视为两台带有序列约束的机器上的任务。在另一方面,任务的回传也常受到雷电等不确定性天气的影响,同时考虑带有不确定性的观测和回传使得问题更加复杂。

(3) 实现算法根据问题特性进行自适应调整

本书提出的算法包含多个算法组件,通过特征分析发现了算法组件和问题属性之间的相关性,并根据不同属性选择不同的算法组件。在未来的研究中,一个较大挑战是让算法能够自主学习,使算法能够在优化过程中学习相关性,并利用该知识将自身调整到适应不同的问题域,以便它可以应用于一系列的问题而无需仔细定制,通用性可以进一步得到提高。本书第 4 章提出的分层优化机制也可以尝试实现自适应的分层策略和参数调整。在线机器学习与优化方法的结合可能是实现这一目标的有效方法。

（4）改进多个备用可行解的生成和更新方式

本书提出了一种新的多备用可行解合成的方式提高在线重调度的效率。但生成多个备用可行解时采用多次迭代保留最优的几个不同的可行解,这些可行解之间的差异可能较小,对于解空间的覆盖能力较差。一种更理想的方式是,使用某种方法控制解之间的差异性,同时使用最少数量的解达到对解空间较为平均且有效的覆盖;使用群智能方法,并控制种群的差异性,可能是一种有效的方法。另外,当前多个可行解尽管包含相同的任务,但各自独立,在线插入紧急任务时,需要在每个可行解上计算一次,在未来的研究中可以考虑采用某种图结构管理多个可行解,从而可以同时针对大量可行解进行重调度,进一步提高在线求解的效率。

（5）求解大规模算例的精确方法

当前提出的针对敏捷卫星调度的求解方法,仍然以启发式方法为主。尽管提出了少量精确求解方法,但求解效率较低,对于大、中规模的算例仍然无法求解。由于缺乏高效的精确求解方法以及问题的严格上界,对于多种启发式方法的评价只能采用多种方法比较的方式,而无法真正严格地评价算法的优劣。敏捷卫星调度问题相对于其他常见的相似问题的简单之处在于,其可见时间窗口的长度较短,任务之间的重叠较小;同时,尽管姿态转换时间具有时间依赖特性,但符合一定的空间规律,其推理难度小于转换时间可以为任意值的问题。利用这些特性,可以尝试提出一些新的精确求解方法,指导启发式方法的进步,从而真正服务于现实应用。

参 考 文 献

[1] 陈盈果,张忠山,刘晓路.面向任务的快速响应空间卫星部署优化设计方法 [M].北京:国防工业出版社,2020.

[2] OGUZ C,SALMAN F S,YALCN Z B,et al. Order acceptance and scheduling decisions in make-to-order systems [J]. International Journal of Production Economics,2010,125(1): 200-211.

[3] 贺仁杰,李菊芳,姚锋,等.成像卫星任务规划技术 [M].北京:科学出版社,2011.

[4] MAILLARD A. Flexible Scheduling for Agile Earth Observing Satellites [D]. Toulouse: University of Toulouse,2015.

[5] LEMAÌTRE M, VERFAILLIE G, JOUHAUD F, et al. Selecting and scheduling observations of agile satellites [J]. Aerospace Science & Technology,2002,6(5): 367-381.

[6] 王沛.多星多站集成调度优化方法 [M].北京:国防工业出版社,2013.

[7] 何苗,贺仁杰.考虑云层遮挡的敏捷成像卫星调度方法研究 [J].科学技术与工程,2013, 1(28): 8373-8379.

[8] CHIEN S A,TRAN D,RABIDEAU G,et al. Improving the operations of the Earth Observing One mission via automated mission planning[C]. Proceedings of the International Conference on Space Operations (SpaceOps),Huntsville,Alabama,2010.

[9] CHIEN S,TRAN D,RABIDEAU G,et al. Planning Operations of the Earth Observing Satellite EO-1: Representing and reasoning with spacecraft operations constraints[C]. Proceedings of the International Conference on Space Operations (SpaceOps),Huntsville, Alabama,2010.

[10] REILLY J,TERRANCE Y. Autonomous Operations for Responsive Spacecraft [J]. Systems Engineering,2006,1(1): 1-10.

[11] REILE H,LORENZ E,TERZIBASCHIAN T. The FireBird mission-a scientific mission for Earth observation and hot spot detection[C]. Proceedings of the Small Satellites for Earth Observation, Digest of the 9th International Symposium of the International Academy of Astronautics,Berlin,2013.

[12] GLEYZES M A, PERRET L, KUBIK P. Pleiades system architecture and main performances [J]. International Archives of the Photogrammetry, Remote Sensing and Spatial Information Sciences,2012,39(1): 537-542.

[13] 刘晓路,陈宇宁,陈盈果,等.对地观测卫星系统顶层涉及参数优化方法 [M].北京:国防工业出版社,2020.

[14] LIU X, LAPORTE G, CHEN Y, et al. An adaptive large neighborhood search metaheuristic for agile satellite scheduling with time-dependent transition time [J]. Computers & Operations Research,2017,86(1): 41-53.

[15] BUNKHEILA F, ORTORE E, CIRCI C. A new algorithm for agile satellite-based acquisition operations [J]. Acta Astronautica,2016,123(1): 121-128.

[16] 任必虎,贺仁杰.基于曲线拟合的移动目标卫星动态跟踪方法 [J].科学技术与工程,

2013,13(28): 8539-8543.

[17] PISINGER D,ROPKE S. A general heuristic for vehicle routing problems [J]. Computers & Operations Research,2007,34(8): 2403-2435.

[18] DEMIR E,BEKTAŞT,LAPORTE G. An adaptive large neighborhood search heuristic for the pollution-routing problem [J]. European Journal of Operational Research, 2012, 223(2): 346-359.

[19] GLOVER F. Future paths for integer programming and links to artificial intelligence [J]. Computers & Operations Research,1986,13(5): 533-549.

[20] ŽULJ I,KRAMER S,SCHNEIDER M. A hybrid of adaptive large neighborhood search and tabu search for the order-batching problem [J]. European Journal of Operational Research,2018,264(2): 653-664.

[21] CORDEAU J F,LAPORTE G. Maximizing the value of an Earth observation satellite orbit [J]. Journal of the Operational Research Society,2005,56(8): 962-968.

[22] DEMIR E,BEKTACS T,LAPORTE G. An adaptive large neighborhood search heuristic for the pollution-routing problem [J]. European Journal of Operational Research,2012, 223(2): 346-359.

[23] VERBEECK C,VANSTEENWEGEN P,AGHEZZAF E H. The time-dependent orienteering problem with time windows: a fast ant colony system [J]. Annals of Operations Research, 2017,254(1-2): 481-505.

[24] HE L,LIU X,LAPORTE G,et al. An improved adaptive large neighborhood search algorithm for multiple agile satellites scheduling [J]. Computers & Operations Research, 2018,100(1): 12-25.

[25] PENG G,VANSTEENWEGEN P,LIU X,et al. An Iterated Local Search Algorithm for Agile Earth Observation Satellite Scheduling Problem [C]. Proceedings of the 15th Conference on Space Operations (SpaceOps 2018),Marseille,France,2018.

[26] CESARET B,OĞUZ C,SALMAN F S. A tabu search algorithm for order acceptance and scheduling [J]. Computers & Operations Research,2012,39(6): 1197-1205.

[27] NGUYEN S,ZHANG M,TAN K C. A dispatching rule based genetic algorithm for order acceptance and scheduling[C]. Proceedings of the the 16th Annual Conference on Genetic and Evolutionary Computation (GECCO 2015),Madrid,Spain,2015.

[28] NGUYEN S. A learning and optimizing system for order acceptance and scheduling [J]. The International Journal of Advanced Manufacturing Technology, 2016, 86 (5-8): 2021-2036.

[29] LIN S W,YING K. Increasing the total net revenue for single machine order acceptance and scheduling problems using an artificial bee colony algorithm [J]. Journal of the Operational Research Society,2013,64(2): 293-311.

[30] CHAURASIA S N,SINGH A. Hybrid evolutionary approaches for the single machine order acceptance and scheduling problem [J]. Applied Soft Computing,2017,52(1): 725-747.

[31] SILVA Y L T,SUBRAMANIAN A,PESSOA A A. Exact and heuristic algorithms for order acceptance and scheduling with sequence-dependent setup times [J]. Computers & Operations Research,2018,90(1): 142-160.

[32] BIANCHESSI N, CORDEAU J F, DESROSIERS J, et al. A heuristic for the multi-satellite, multi-orbit and multi-user management of Earth observation satellites [J]. European Journal of Operational Research, 2007, 177(2): 750-762.

[33] CORDEAU J-F C, OIS, LAPORTE G, MERCIER A. A unified tabu search heuristic for vehicle routing problems with time windows [J]. Journal of the Operational Research Society, 2001, 52(8): 928-936.

[34] ROGERS M F, HOWE A E, WHITLEY D. Looking for Shortcuts: Infeasible Search Analysis for Oversubscribed Scheduling Problems [C]. Proceedings of the International Conference on Automated Planning and Scheduling (ICAPS'06), Lake District, UK, 2006.

[35] PRINS C, PRODHON C, RUIZ A, et al. Solving the capacitated location-routing problem by a cooperative Lagrangean relaxation-granular tabu search heuristic [J]. Transportation Science, 2007, 41(4): 470-483.

[36] GAO K, WU G, ZHU J. Multi-satellite observation scheduling based on a hybrid ant colony optimization [J]. Advanced Materials Research, 2013, 765(1): 532-536.

[37] LIU X, BAI B, CHEN Y, et al. Multi satellites scheduling algorithm based on task merging mechanism [J]. Applied Mathematics and Computation, 2014, 230(1): 687-700.

[38] WU G, LIU J, MA M, et al. A two-phase scheduling method with the consideration of task clustering for Earth observing satellites [J]. Computers & Operations Research, 2013, 40(7): 1884-1894.

[39] WU G, WANG H, PEDRYCZ W, et al. Satellite observation scheduling with a novel adaptive simulated annealing algorithm and a dynamic task clustering strategy [J]. Computers & Industrial Engineering, 2017, 113(1): 576-588.

[40] WANG J, JING N, LI J, et al. A multi-objective imaging scheduling approach for earth observing satellites [C]. Proceedings of the 9th Annual Conference on Genetic and Evolutionary Computation, London, England, 2007.

[41] WANG P, REINELT G, TAN Y. Self-adaptive large neighborhood search algorithm for parallel machine scheduling problems [J]. Journal of Systems Engineering and Electronics, 2012, 23(2): 208-215.

[42] WANG H, XU M, WANG R, et al. Scheduling Earth observing satellites with hybrid ant colony optimization algorithm [C]. Proceedings of the International Conference on Artificial Intelligence and Computational Intelligence, Sanya, China, 2010.

[43] GLOBUS A, CRAWFORD J, LOHN J, et al. Scheduling Earth Observing Fleets Using Evolutionary Algorithms: Problem Description and Approach [C]. Proceedings of the International NASA Workshop on Planning & Scheduling for Space, Moffett Field, California, 2003.

[44] GLOBUS A, CRAWFORD J, LOHN J, et al. A comparison of techniques for scheduling Earth observing satellites [C]. Proceedings of the National Conference on Artificial Intelligence, San Jose, California, 2004.

[45] BIANCHESSI N, RIGHINI G. Planning and scheduling algorithms for the COSMO-SkyMed constellation [J]. Aerospace Science & Technology, 2008, 12(7): 535-544.

[46] RICHARDS R A, HOULETTE R T, MOHAMMED J L. Distributed Satellite Constellation Planning and Scheduling [C]. Proceedings of the Fourteenth International

Florida Artificial Intelligence Research Society Conference,2001.

[47] MOHAMMED J L. Mission planning for formation-flying satellite cluster[C]. Proceedings of the 14th International Florida Artificial Intelligence Research Society Conference, Florida 2001.

[48] QIU D,HE C,LIU J,et al. A dynamic scheduling method of earth-observing satellites by employing rolling horizon strategy [J]. The Scientific World Journal,2013,2013(1): 1-15.

[49] WANG M,DAI G,VASILE M. Heuristic Scheduling Algorithm Oriented Dynamic Tasks for Imaging Satellites [J]. Mathematical Problems in Engineering,2014,2014(5): 1-11.

[50] WANG P,REINELT G,GAO P,et al. A model,a heuristic and a decision support system to solve the earth observing satellites fleet scheduling problem [J]. Computers & Industrial Engineering,2011,61(2): 322-325.

[51] XU R,CHEN H,LIANG X,et al. Priority-based constructive algorithms for scheduling agile earth observation satellites with total priority maximization [J]. Expert Systems with Applications,2016,51(C): 195-206.

[52] LEMAÎTRE M,VERFAILLIE G,JOUHAUD F,et al. How to manage the new generation of agile earth observation satellites[C]. Proceedings of the the International Symposium on Artificial Intelligence,Robotics and Automation in Space,2000.

[53] MURAOKA H,COHEN R H,OHNO T,et al. Aster observation scheduling algorithm [C]. Proceedings of the International Symposium Space Mission Operations and Ground Data Systems,1998.

[54] NAG S,LI A S,MERRICK J H. Scheduling algorithms for rapid imaging using agile Cubesat constellations [J]. Advances in Space Research,2018,61(3): 891-913.

[55] WANG J,DEMEULEMEESTER E,QIU D. A pure proactive scheduling algorithm for multiple earth observation satellites under uncertainties of clouds [J]. Computers & Operations Research,2016,74(3): 1-13.

[56] WANG J,ZHU X,YANG L T,et al. Towards dynamic real-time scheduling for multiple earth observation satellites [J]. Journal of Computer and System Sciences,2015,81(1): 110-124.

[57] 王建江. 云层不确定条件下光学对地观测卫星调度问题研究 [D]. 长沙：国防科学技术大学,2015.

[58] ZHAI X,NIU X,TANG H,et al. Robust Satellite Scheduling Approach for Dynamic Emergency Tasks [J]. Mathematical Problems in Engineering,2015,15(9): 1-20.

[59] WU G,MA M,ZHU J,et al. Multi-satellite observation integrated scheduling method oriented to emergency tasks and common tasks [J]. Journal of Systems Engineering and Electronics,2012,23(5): 723-733.

[60] WANG J,ZHU X,QIU D,et al. Dynamic scheduling for emergency tasks on distributed imaging satellites with task merging [J]. IEEE Transactions on Parallel and Distributed Systems,2014,25(9): 2275-2285.

[61] YE Q,CHEN S. The ultimate meteorological question from observational astronomers: how good is the cloud cover forecast? [J]. Monthly Notices of the Royal Astronomical Society,2012,428(4): 3288-3294.

[62] DORIGO M. Optimization, learning and natural algorithms [D]. Milano: Politecnico di

Milano,1992.

[63] 郭浩,伍国华,邱涤珊. 敏捷成像卫星密集任务聚类方法 [J]. 系统工程与电子技术,2012,
     34(5)：931-935.

[64] XU R,CHEN H,LIANG X, et al. Priority-based constructive algorithms for scheduling
     agile earth observation satellites with total priority maximization [J]. Expert Systems with
     Applications,2016,51(1)：195-206.

[65] NTAGIOU E V,PALMER P,IACOPINO C, et al. Coverage planning for agile EO
     Constellations using Ant Colony Optimisation[C]. Proceedings of the 14th International
     Conference on Space Operations (SpaceOps 2016),Daejeon,South Korea,2016.

[66] NASA L R C. Surface Radiation Budget (NASA SRB) 3. 0 [M]. NASA Langley Research
     Center,2007.

[67] HE L,LIU X,XING L, et al. Cloud Avoidance Scheduling Algorithm for Agile Optical
     Satellites [J]. Journal of Computational and Theoretical Nanoscience, 2016, 13 (6)：
     3691-3705.

[68] CHU X,CHEN Y,TAN Y. An anytime branch and bound algorithm for agile earth
     observation satellite onboard scheduling [J]. Advances in Space Research,2017,60(9)：
     2077-2090.

[69] MU Y, GUO X. On-line rescheduling to minimize makespan under a limit on the
     maximum disruptions[C]. Proceedings of the International Conference on Management of
     e-Commerce and e-Government,Nanchang,China,2009.

[70] DA SILVA N C O, SCARPIN C T, PECORA JR J E, et al. Online single machine
     scheduling with setup times depending on the jobs' sequence [J]. Computers & Industrial
     Engineering,2019,129(1)：251-258.

[71] GUO Y, HUANG M, WANG Q, et al. Single-machine rework rescheduling to minimize
     maximum waiting-times with fixed sequence of jobs and ready times [J]. Computers &
     Industrial Engineering,2016,91(1)：262-273.

[72] STR HLE P,GERDING E H,DE WEERDT M M, et al. Online mechanism design for
     scheduling non-preemptive jobs under uncertain supply and demand[C]. Proceedings of the
     International Conference on Autonomous Agents and Multi-agent Systems，Paris，
     France,2014.

[73] MC W, CHEN S Y. A cost model for justifying the acceptance of rush orders [J].
     International Journal of Production Research,1996,34(7)：1963-1974.

[74] RAHMAN H F, SARKER R, ESSAM D. A genetic algorithm for permutation flowshop
     scheduling under practical make-to-order production system [J]. Artificial Intelligence for
     Engineering Design Analysis and Manufacturing,2017,31(1)：87-103.

[75] RAHMAN H F, SARKER R, ESSAM D. Multiple-order permutation flow shop
     scheduling under process interruptions [J]. The International Journal of Advanced
     Manufacturing Technology,2018,97(5-8)：2781-2808.

[76] WANG D,YIN Y,CHENG T C E. Parallel-machine rescheduling with job unavailability
     and rejection [J]. Omega,2018,81(1)：246-260.

[77] BAYKASOGLU A, KARASLAN F S. Solving comprehensive dynamic job shop
     scheduling problem by using a GRASP-based approach [J]. International Journal of

Production Research,2017,55(11)：3308-3325.

[78] 何永明.敏捷卫星自主任务规划系统与重规划方法研究［D］.长沙：国防科学技术大学,2016.

[79] RAHMAN H F, SARKER R, ESSAM D. A real-time order acceptance and scheduling approach for permutation flow shop problems［J］. European Journal of Operational Research,2015,247(2)：488-503.

[80] GHOMI S M T F, IRANPOOR M. Earliness-tardiness-lost sales dynamic job-shop scheduling［J］. Production Engineering,2010,4(2-3)：221-230.

[81] WANG J,ZHU X,ZHU J,et al. Dmtrh：A real-time scheduling algorithm for multiple earth observation satellites[C]. Proceedings of the 14th International Conference on High Performance Computing and Communication,Madrid,Spain,2012.

[82] MARCHAND A, SILLY-CHETTO M. Dynamic real-time scheduling of firm periodic tasks with hard and soft aperiodic tasks［J］. Real-Time Systems,2006,32(1-2)：21-47.

[83] GALLAGHER A,ZIMMERMAN T L,SMITH S F. Incremental Scheduling to Maximize Quality in a Dynamic Environment[C]. Proceedings of the International Conference on Automated Planning and Scheduling (ICAPS'06),Lake District,UK,2006.

[84] COWLING P, JOHANSSON M. Using real time information for effective dynamic scheduling［J］. European Journal of Operational Research,2002,139(2)：230-244.

[85] 郝会成.敏捷卫星任务规划问题建模及求解方法研究［D］.哈尔滨：哈尔滨工业大学,2013.

[86] 高远.针对敏捷遥感卫星对地成像的任务在线动态规划［D］.哈尔滨：哈尔滨工程大学,2019.

[87] 王昊彤.针对地面区域的敏捷卫星任务自组织方法研究［D］.哈尔滨：哈尔滨工程大学,2019.

[88] SKOBELEV P O,SIMONOVA E V,ZHILYAEV A A,et al. Application of Multi-agent Technology in the Scheduling System of Swarm of Earth Remote Sensing Satellites［J］. Procedia Computer Science,2017,396-402.

[89] HSIEH F S. Analysis of contract net in multi-agent systems［J］. Automatica,2006,42(5)：733-740.

[90] DE NIJS F, SPAAN M T J, DE WEERDT M M. Preallocation and Planning under Stochastic Resource Constraints[C]. Proceedings of the the 32th AAAI Conference on Artificial Intelligence,New Orleans,Louisiana,2018.

[91] ALTMAN E. Constrained Markov decision processes［M］. Florida：CRC Press,1999.

[92] LI G, XING L, CHEN Y. A hybrid online scheduling mechanism with revision and progressive techniques for autonomous Earth observation satellite［J］. Acta Astronautica,2017,140(1)：308-321.

附录A

分层调度算法详细结果

该附录包含分层蚁群算法（HACA）、传统的单步蚁群算法（ACA）、基于自适应任务分配的大邻域搜索（A-ALNS）算法、两种使用 CPLEX 求解的混合整数规划（MIP）方法（①所有三个步骤均由 MIP 求解：HMIP；②前两个步骤由 HACA 求解；③第三个步骤由 MIP 求解：ACA-MIP）和全知方法（Omniscient）在所有 36 个场景的详细调度结果。最好的结果（除 Omniscient 外）以黑体突出显示。根据调度范围、分布区域的大小和卫星的数量，将场景分为 7 组。同一组中的方案仅在任务数量上彼此不同。这些组以"调度时间-区域大小-卫星"格式标记。例如，"24h-大-2"表示具有 24h 调度范围、大分布区域和 2 颗卫星的算例。Omni 为全知算法的简写。

表 A.1 算例 24h-大-2 结果

任务	收益	CPU 时间/s				
	HACA	ACA	A-ALNS	HMIP	ACA-MIP	Omni
40	**162.72**	110.89	85.87	128.05	129.36	156.42
80	**315.08**	187.25	166.80	262.65	242.88	307.28
120	**461.38**	292.73	272.99	355.30	376.60	468.56
160	**617.93**	404.09	355.92	502.99	518.22	643.09
200	**769.14**	527.38	434.86	645.30	630.57	800.88
任务	收益	CPU 时间/s				
	HACA	ACA	A-ALNS	HMIP	ACA-MIP	Omni
40	0.80	4.36	**0.00**	298.19	199.88	2.77
80	1.69	12.32	**0.00**	979.95	41.11	9.09
120	2.58	23.17	**0.02**	642.61	23.66	18.16
160	3.73	38.89	**0.00**	610.29	3.63	31.07
200	4.79	59.17	**0.02**	610.37	13.44	47.37

注：加黑数字表示最佳结果。

表 A.2　算例 24h-大-3 结果

任务	收益	CPU 时间/s				
	HACA	ACA	A-ALNS	HMIP	ACA-MIP	Omni
50	**191.61**	130.23	103.92	158.16	165.49	190.45
100	**391.14**	238.69	216.06	301.87	310.68	386.49
150	**591.59**	390.18	349.77	465.64	510.75	611.01
200	**780.95**	528.70	450.37	614.49	671.98	804.62
250	**982.10**	661.20	585.33	794.95	805.50	1028.79
300	**1214.92**	801.70	726.95	919.68	988.14	1276.50

任务	收益	CPU 时间/s				
	HACA	ACA	A-ALNS	HMIP	ACA-MIP	Omni
50	1.09	6.55	**0.00**	814.44	20.88	4.04
100	2.33	19.41	**0.00**	1494.21	225.09	13.67
150	3.71	37.74	**0.00**	630.50	46.34	28.61
200	5.26	64.45	**0.05**	626.47	351.96	49.13
250	7.27	96.81	**0.03**	685.02	225.05	74.35
300	9.32	134.86	**0.10**	616.03	21.51	105.70

注：加黑数字表示最佳结果。

表 A.3　算例 24h-大-4 结果

任务	收益	CPU 时间/s				
	HACA	ACA	A-ALNS	HMIP	ACA-MIP	Omni
100	**380.27**	239.48	220.05	298.04	316.97	385.26
200	**739.70**	527.85	461.19	606.72	632.19	806.88
300	**1137.52**	796.62	743.05	929.35	947.45	1277.93
400	**1495.83**	1050.98	980.43	Fail	1270.75	1715.46

任务	收益	CPU 时间/s				
	HACA	ACA	A-ALNS	HMIP	ACA-MIP	Omni
100	2.36	19.96	**0.00**	1238.70	277.74	13.69
200	5.12	65.35	**0.01**	845.38	376.69	49.25
300	8.48	140.06	**0.07**	800.00	31.31	105.62
400	12.79	240.60	**5.18**	Fail	213.92	185.13

注：加黑数字表示最佳结果。

表 A.4　算例 24h-中-2 结果

任务	收益	CPU 时间/s				
	HACA	ACA	A-ALNS	HMIP	ACA-MIP	Omni
30	**128.55**	101.79	91.27	115.97	123.69	134.44
60	**254.72**	198.95	179.22	230.16	238.06	260.54
90	**346.06**	273.43	279.21	317.49	337.15	370.66
120	**422.02**	327.39	368.71	309.86	419.22	446.63
150	**510.87**	371.58	437.45	249.85	230.47	521.57
180	**573.09**	423.59	502.50	187.45	Fail	613.91
210	**662.37**	476.97	588.83	Fail	Fail	690.08

续表

任务	收益	CPU 时间/s				
	HACA	ACA	A-ALNS	HMIP	ACA-MIP	Omni
30	0.46	2.44	**0.00**	188.02	7.88	2.08
60	2.02	8.34	**0.14**	41.36	43.38	7.07
90	4.65	16.78	**0.49**	473.05	14.12	14.66
120	7.81	27.24	**2.78**	798.39	15.38	24.93
150	11.38	41.64	**3.74**	1157.50	916.92	38.00
180	15.04	57.13	**4.75**	1507.40	Fail	52.32
210	21.96	73.29	**5.74**	Fail	Fail	68.64

注:加黑数字表示最佳结果。

表 A.5 算例 24h-小-3 结果

任务	收益	CPU 时间/s				
	HACA	ACA	A-ALNS	HMIP	ACA-MIP	Omni
50	142.29	119.77	**147.36**	Fail	Fail	127.67
100	**192.12**	178.60	188.52	Fail	Fail	210.80
150	210.75	198.49	**215.63**	Fail	Fail	224.38
200	236.76	221.57	**244.87**	Fail	Fail	245.22

任务	收益	CPU 时间/s				
	HACA	ACA	A-ALNS	HMIP	ACA-MIP	Omni
50	5.51	13.58	**1.36**	Fail	Fail	13.23
100	15.43	35.38	**2.57**	Fail	Fail	37.25
150	29.39	66.75	**3.95**	Fail	Fail	68.55
200	49.66	103.50	**5.38**	Fail	Fail	107.70

注:加黑数字表示最佳结果。

表 A.6 算例 12h-大-3 结果

任务	收益	CPU 时间/s				
	HACA	ACA	A-ALNS	HMIP	ACA-MIP	Omni
50	**153.33**	100.55	93.63	122.58	128.77	166.30
100	**322.48**	193.31	210.86	240.70	268.92	341.38
150	**497.58**	311.97	324.64	385.86	404.66	520.29
200	**649.91**	412.86	441.32	506.56	546.92	689.12
250	**816.52**	552.87	554.42	603.10	668.30	892.73
300	**985.82**	680.06	681.07	734.53	771.47	1094.56

任务	收益	CPU 时间/s				
	HACA	ACA	A-ALNS	HMIP	ACA-MIP	Omni
50	0.82	4.62	**0.00**	608.11	13.90	4.62
100	1.62	14.72	**0.00**	611.76	213.07	12.58
150	2.58	28.75	**0.04**	765.46	23.98	25.24
200	3.86	47.52	**3.68**	608.52	11.51	43.02
250	5.47	71.77	**4.70**	789.05	35.09	64.62
300	7.29	107.23	**5.89**	789.94	193.68	91.59

注:加黑数字表示最佳结果。

表 A.7   算例 36h-大-3 结果

任务	收益	CPU 时间/s				
	HACA	ACA	A-ALNS	HMIP	ACA-MIP	Omni
100	**408.41**	267.53	214.38	314.15	334.30	405.14
200	**802.86**	609.72	451.50	604.52	666.00	826.20
300	**1250.37**	926.62	717.34	963.61	1025.93	1285.92
400	**1646.60**	1187.81	955.00	1323.67	1364.39	1731.08
任务	收益	CPU 时间/s				
	HACA	ACA	A-ALNS	HMIP	ACA-MIP	Omni
100	2.89	18.81	**2.23**	1299.63	974.12	13.93
200	6.41	60.76	**4.83**	1027.31	803.56	51.59
300	11.16	127.82	**7.40**	657.64	32.80	106.97
400	17.52	226.05	**8.68**	825.04	220.43	186.87

注：加黑数字表示最佳结果。

缩写词列表

缩写词	全 称	含 义
A-ALNS	adaptive task assigning based ALNS	自适应任务分配的 ALNS 算法
ACO	ant colony optimization	蚁群优化
AEOS	agile Earth observation satellite	敏捷对地观测卫星
ALNS	adaptive large neighbourhood search	自适应大邻域搜索
ALNS/TPF	—	紧密混合 ALNS-TS 算法
ALNS-TS	—	两阶段 ALNS-TS 混合算法
B&B	branch & bound	分支定界
B&P	branch & price	分支定价
BRKGA	biased random key genetic algorithm	有偏随机键遗传算法
CA	conflict assignment	冲突分配
CRS	conflict removal strategy	冲突消除策略
DD	decision diagrams	决策图
DE	differential evolution	差分进化
EA	empirical assignment	经验分配
EOS	earth observation satellite	对地观测卫星
FI	fast insertion	快速插入
FR	full rescheduling	完全重调度
GP	genetic programming	遗传规划
GS	greedy selection strategy	贪婪选择机制
HACA	hierarchical ant colony algorithm	分层蚁群算法
HSR	historical setup time removal	历史转换时间删除
HURI	historical unit revenue insertion	历史单位收益插入
HURR	historical unit revenue removal	历史单位收益删除
ILS	iterated local search	迭代局部搜索

缩写词	全　　称	含　　义
LP	linear programming	线性规划
MB	machine breakdown	机器故障
MCI	minium conflict insertion	最小冲突插入
MCR	maximum conflict removal	最大冲突删除
MDI	minium distance insertion	最小距离插入
MILP	mixed integer linear programming	混合整数线性规划
MIPS	mixed integer programming selection strategy	基于混合整数规划的最优选择机制
MMDP	multi-agent Markov decision process	多 Agent 马尔可夫决策过程
MMDPOP	multi-agent Markov decision process optimal policy strategy	基于多 Agent 马尔可夫决策过程的最优协同策略
MOI	minium opportunity insertion	最小机会插入算子
MOR	maximum opportunity removal	最大机会删除算子
MRI	maximum revenue insertion	最大收益插入算子
MRR	minium revenue removal	最小收益删除算子
MSTI	minium setup time insertion	最小转换时间插入算子
MSTR	maximum setup time removal	最大转换时间删除算子
MURI	maximum unit revenue insertion	最大单位收益插入算子
MURR	minium unit revenue removal	最小单位收益删除算子
MWR	maximum waiting removal	最大等待删除算子
OA	opportunity assignment	机会分配算子
OAS	order acceptance and scheduling	订单接受与调度
OT	online time	在线计算时间
PSD	partial sequence dominance	部分序列支配
RA	random assignment	随机分配算子
RAAN	right ascension of ascending node	升交点赤经
RR	random removal	随即删除算子
SA	simulated annealing	模拟退火
SPA	satellite position assignment	卫星位置分配算子
SSR	single-solution repair	基于单个可行解的在线修复算法
TDOPTW	time-dependent orienteering problem with time windows	带有时间依赖与时间窗口的定向问题
TS	tabu search	禁忌搜索
UA	uncertain arrival	不确定随机到达
UP	uncertain profit	不确定利润
UR	uncertain resource	不确定资源水平
UT	uncertain processing time	不确定处理时间
UW	uncertain window	不确定时间窗
WRR	worst route removal	最差路径删除